沖縄巨大プロジェクトの奇跡

石油備蓄基地（CTS）開発　激闘の9年

太田範雄
Ota Norio

Art Days

上：沖縄石油精製(株)および沖縄石油基地(株)の全景
　　前方に見えるのが宮城島と伊計島
下：埋立地を護岸で囲った海面

叶《かな》えられた「夢のまた夢」

中村盛俊（元与那城村長）

バブルが崩壊して十数年になるが、いまだ脱出の方向性を見出せないでいる。救世主は現れないものだろうか。そんな期待もむなしく月日だけが過ぎていく――。

いまから四十数年前、離島苦の島々をかかえ、戦後の歴史に翻弄され、激動に揺らぐ与那《よな》城村《ぐすくそん》があった。そこに離島振興と産業誘致を目標にした壮大なプロジェクトをひっさげて登場したまさに救世主が太田範雄氏その人であった。しかし、夢が実現するまでの九年間の道のりは苦闘の連続であり、決して平坦なものではなかった。思わぬ反対運動が起こり不安、裏切り、不信が渦巻いた。それを私たちは強い信念をもって乗り越えたのだ。まさに一言では語り尽くせない激闘の日々であった。

その渦の中心にいた太田建設の現会長である太田範雄氏が、このほど『沖縄巨大プロジェクトの奇跡』を出版するという。いま、四十数年前を振り返って、その意義はとてつもなく大きいように思うのは、はたして自分一人だろうか。断じて違う、と信じている。

この本は、その太田さん自身が書いたものである。ライターを使わずに、冷徹なまで自分自身を見つめて書いた素晴らしい本である。

その頃、私は与那城村長でちょうど四十歳であった。当時、最大の政治課題が「離島苦」の解消で、平安座《へんざ》、宮城《みやぎ》、伊計《いけい》の島々の苦悩をどうすれば解決できるのかということを悩みに悩んでいたのである。そのとき、太田さんから「離島苦を解消するとともに、産業立地を目的とする」との話を聞き、その計画書を見て驚きと感動を覚えたものである。「なんという素晴らしいプランだろう」という実感であった。それまで誰も発想したことが無いものであり、この計画が実現すれば平安座、宮城、伊計のこれまでの離島苦が一気に解決できるばかりでなく、村内の企業の育成、若者の雇用や就職に役立ち、なおかつ村財政が豊かになることは間違いないと確信したのである。そのとき「ぜひ、自分の政治生命をかけて実現しよう」と決意し、議会の同意を得たものである。それとともに、約六六〇万坪におよぶ壮大な「金武《きん》湾《わん》埋立計画」は、船舶修繕ドックの計画で日本工業立地センターの調査報告がなされ、議会の同意もあり、希望に満ち、勇気が奮い立ったものである。

ＣＴＳ（石油備蓄基地）を実現させるために太田範雄氏と東京に足を運び、三井、三菱と走りまわった日々が、いまも鮮明に思いおこされるのである。キャタピラー三菱から三菱商事へとまわり、その方向が「離島振興のためにやりましょう」という方針が示されたときには、どのような困難にぶつかろうと絶対実現させると決心したものである。反対派の軟禁や団交も苦にはならない。逆に理解してもらい、説得する心構えであった。いま思えば、「太田さんとは運命の糸で結ばれていた」と思えるほどである。政治的・経済的・社会的には、この開発の意義は、大きなものがある。現在、離島苦を知らない人々が多いなかで、離島苦を知っている人々の願いは、まさに陸続きになることであった。しかし、その陸続きは、当時「夢のまた夢」であった。

それがガルフ社のお蔭で海中道路が完成し、平安座の離島苦が解消し、CTSの完成により宮城の離島苦が解消し、この勢いが伊計大橋へとつながり、さらには浜比嘉《はまひが》への架橋とつながったのである。このことの意義は計り知れないものである。今日あるのは過去の血と汗の結晶である。また、太田範雄氏は、数年におよぶ交渉の費用を浄財で一切取り仕切ってくれたことも報告しておく必要がある。私は、与那城村民として、太田氏が体を張って、離島苦の解消と大きな産業をもたらしてくれたことに深く感謝の心を捧げたいと思うものである。

それにしてもCTSで思い出すのは、屋良主席との思い出である。屋良主席は革新でありながら、CTSの重要性を深く認識しており、「なんでも反対すればいいと思っている〃革新〃を名乗る人たちは信用しなくて良い」と断言して、自分を支持してくれたことである。あれから四十年近くになり、当時を知る人は少なくなりつつあるが、思い出すたびに胸が熱くなるのを覚えるものである。

この太田氏の著作は、その事実に基づいて沖縄への熱い思いがひしひしと伝わってくる。時代は、沖縄に新しい課題をつぎつぎと突きつけている。沖縄の産業振興と雇用の拡大は、いまだに大きな課題であり、時代の変遷とともに、変化している。それらの課題を解決するために、若い方々は挑戦してほしい。この本は、そのチャレンジ精神が生み出した記録でもあり、「これは沖縄のためになる」と確信したものは、絶対やり抜く精神を教えるものであり、若い人々へのメッセージである。

最後に、この本の中に語られ、まだ実現していない壮大な計画を読み、次の世代でぜひ実現してほしいと願うものである。

平成十六年五月

回顧――与那城プロジェクト決定に至る経緯

工学博士　米倉亮三
（元・セントラルコンサルタント、現・東洋大学名誉教授）

昭和四十五年に、民間として地域開発に参画する目的をもって三菱開発（株）が設立された。時あたかも三菱創立一〇〇年を迎えようとしていた時期であったので、その記念事業としてふさわしいプロジェクトを計画することになった。そして昭和四十七年に日本復帰が決まった沖縄において、三菱創立一〇〇年と沖縄復帰の両方を記念するプロジェクトが計画できないかを検討することになった。

そこで三菱開発、三菱商事、三菱地所の三菱主要三社に、三菱系のコンサルタント会社であるセントラルコンサルタントを加えて編成された調査団を沖縄に派遣することになった。昭和四十五年七月、調査団は、三菱商事に寄せられていた情報に基づいて、那覇から始めて、慶良間《けらま》諸島、石垣島の調査を行い、最後に与那城村《よなぐすくそん》のプロジェクト現場に到着した。

与那城の桃原《とうばる》現場には太田建設の太田範雄社長が一人でわれわれを迎え、この埋め立てプロジェクトの意義について、熱っぽく語ってくれた。その話の中には離島の生活の困難さについての説明もあり、たとえばハブに噛まれたら、米軍のヘリコプターの助けを借りなければ、その人は死に至ることもあることなどを訴えていた。そしてこの埋め立てプロジェクトによって、離島苦が解消されるのだと言う、地元の生活のただ中から迫ってくるような熱意に対して、これこそ沖縄復帰・三菱一〇〇年記念にぴったりのプロジェクトではないかと、一同が感動しながらその熱意を受け止めた。

現地調査後、これこそ有意義なプロジェクトだと思いながら、一私人である太田社長の考えだけではこれを受け止めることはできないだろうということで、与那城村に村長を、また与那城漁業組合に組合長を訪問し、話を聞くことになった。そこでまた両氏から太田社長と同じ離島苦解消への心情が吐露され、これほど現地の方々が強く希望していることなら、その希望に応えるということが、記念事業に最もふさわしいものであろうと確信するに至ったのである。

ところでこのプロジェクトによる離島苦解消と職場の創出という意義は確信されたものの、六〇万坪余の埋め立て地に、いったいどのような企業が計画できるだろうかということが問題になった。そのころ米軍占領下にあった沖縄では、水と電気が極端に不足していた。しかも沖縄本島中を見まわしてみても、下請けになってもらえるような高いレベルの技術をもった地元製造企業は皆無に近い。そのような環境の中で、プロジェクト予定地がもっている長所を探すと、それは日本の海上輸送幹線ルート上にあること、および金武湾《きんわん》が広く平穏で、宮城島の近くまで水深が深いということである。

したがって、水と電気を大量に使わず、また多くの熟練工を必要としない産業で、この立地条件を最高にいかせる産業としては、石油備蓄基地（ＣＴＳ）しかないだろうということに落ち着いた。しかも当時は、国として石油備蓄が要請されるようになってきた時でもあった。そこで太田社長の作成した埋め立て計画図を第一原案とし、そこに地元の希望を最大限に盛り込んだ計画をしてみようということで、埋め立て諸元を計画するのに必要な数値を、太田社長の事務所で算出して持ち帰り検討することになった。

調査団帰京後は、ＣＴＳを前提とした与那城プロジェクトについて、三菱グループ内の関係会社と協議に入り、三菱石油、三菱石油開発、日本郵船などの会社を加えて第二次調査団を派遣し、詳細を詰めることになった。一方埋め立て事業については、桃原部落の人々の意向を聞き、当初、部落では離島苦が解消されるのなら、桃原漁港は島の東部に作ってもらってもよいという意見であったが、漁港は部落の目の前においた方が何事につけても便利でしょうと、部落前に計画し、埋め立てによる金武湾の水循環に対する阻害がないことを確認した上で、埋め立て地と桃原の間には通船を目的とした水路を設けることにして、埋め立ての位置・形状の確定を行ったわけである。

沖縄巨大プロジェクトの奇跡■目次

第4章 沖縄三菱開発の設立と埋立工事　69

第5章　激闘！　誘致・反対派の動き　97

序章

東京の羽田空港から那覇空港までは二時間あまりの空の旅である。エメラルドグリーンのサンゴ礁の海の上を飛んでいた飛行機が沖縄本島の中部、勝連《かつれん》半島近くにさしかかると翼を右に下げ、那覇の方向に機首を向け大きく旋回する。眼下に私の手がけた石油備蓄基地（CTS）が窓からはみ出るように迫ってくる。島と島のあいだを埋め立てた広大な敷地に丸い巨大なタンクが整然と並んでいる。その先には海の中を走る自動車道路が沖縄本島まで延びる。それにしても、このプロジェクトが成就するまでの道のりは並大抵《なみたいてい》ではなかった。本書では、石油備蓄基地が完成するまでの激闘の九年間を、沖縄の本土復帰の歩みと重ねあわせながら、当時の私自身の体験と資料をもとに書いてみた。

最近、長引く不況で働きざかりのサラリーマンや経営者の自殺が増えているという。そうした悲惨な事件を報じた新聞記事を読むたび、私の心は痛む。どうかこの物語を読んで生きる勇気を持ってほしいと思う。いろいろな事情で、悩み、苦しみを抱え極限状態になった場合は親兄弟に話してみよう。自分が尊敬する恩師やあの先輩に相談してみよう。友人の意見も聞いてみよう。必ず道は開けるはずだ。「なぜなら打つ手は常に無限にあるからだ」（倫理法人会、滝口長太郎氏）と思うからだ。

孤島を橋で結び、島と島のあいだを埋め立てて石油備蓄基地を建設することになるこの構想を直感的に思いついた時、私は貧乏のどん底にあった。事業に失敗し、借金取りに追われて孤島に逃れ、ロビンソン・クルーソーのような生活をしていたのだ。しかし、私の頭の中に湧き上がったアイディアは、時間が経過するにしたがって、ますます明確なイメージになり、最後に確信となった。それは、「離島の将来を展望するとき、島の経済力を高めるには公有水面を埋め立てて、本島と島のあいだを道路で結ぶことだ。そして、それができるのは大企業だ。大企業を誘致するしかない」ということであった。いちかばちか、あたって砕けろと勇気をふりしぼり、地元で、あるいは東京で自分の構想を説いてまわった。ほとんど気違い扱いされたこともある。追い詰められた果ての、無謀ともいえる徒手空拳の行動だった。しかし、捨てる神あれば拾う神あり。沖縄から単身で東京に乗り込んだ無名の貧乏青年の説得になんと、あの巨大な三菱グループが動いたのだ。

これは、沖縄に生まれた一人の男の度重なる挫折と勇気と希望、そして夢の成就の物語である。いわば「私のプロジェクトX」――。わが疾風怒濤の物語、まずは落ちこぼれ青春編からスタートしたい。

第1章

自営業への道

苦学の青春時代

私は、昭和二年（一九二七）、沖縄市旧美里村字与儀《みさとそんあざよぎ》の貧しい農家の三男に生まれた。

父は農業のかたわら、手のつけられない暴れ馬を買ってきて飼い馴らし、高値で売るという馬喰《ばくろう》の仕事に精を出していた。私も父と一緒に、いく度となく島尻《しまじり》や読谷《よみたん》、国頭《くにがみ》あたりまで出かけたことがある。

母は、朝早くから豆腐づくりや豚を飼うなど、休むまもない忙しさであった。

そんな両親を目の当りにしていた私は、運動会や遠足のとき母が五銭くれると、二銭しか使わない。三銭は必ず持ち帰って母に返す。誰から教えられたわけでもなく、そんな心づかいを幼少の頃からする子供だった。

勉強も好きだった。だが、小学校四年生の頃、原因不明の病で体調を崩し、毎年のように旧制中学校の受験者候補にあげられながら、受験を断念せざるを得なかった。昭和十五年（一九四〇）三月、ひとまず学業を修了した私は昭和二十二年（一九四七）に結婚し、長女、長男と二人の子を授かった。しかし、学業への望み絶ちがたく、再び向学心を燃やした私は沖縄から妻子を帯同し東京都文京区大塚へ住居を移して、苦学しながら千代田区神田錦町にあった錦城高等学校へ入学することになった。家族を養う生活費や学資は、その頃始めた下宿屋「太田荘」から入るわずかな収入でまかなった。昭和二十七年（一九五二）四月のことである。

すでに二十七歳という年齢に達していたため、高校へ進学できたものの必修科目である体育の授業を十六歳の少年たちといっしょに受けることは苦痛だった。校庭が狭く、体育はきまって駆け足と懸垂。どちらも苦手で生徒たちから笑われ放しの日々であった。とうとう我慢ができなくなり、文京区護国寺にある日大付属の豊山《ぶざん》高校（定時制）四年へ編入試験を受け、高校の課程を二年間で終えることができた。大学受験は医学部を目指した。

しかし、試験場まで出向いたまではよかったが、思わぬハプニングが起こった。

「試験は昨日からはじまっていますよ」

と、受付が言うのだ。

「今日と明日の二日間ではなかったですか」

と問い返えす。

「いいえ、昨日からはじまっています。あきらめて下さい。いくら今日良い点を取ったとしても、昨日が0点では合格出来ませんよ」

それでも私は、なんとか頼み込んで受験した。

当然のことながら不合格。医学の道はあきらめ、一年浪人して昭和三十一年（一九五六）四月、日本大学短期大学部建築科へ進んだ。同大学をやっとの思いで卒業したのは昭和三十三年（一九五八）三月のことだった。これから就職して妻子にも安心して生活させることができると私は胸をふくらませた。ところが当時はとんでもない就職難時代。学校からは五回も就職の推薦状を出してもらったが、扶養家族が三名もいて年齢が三十二歳にもなっている私を、採用してくれる会社はどこにもなかった。ハンディキャップはあまりにも大きかった。精神的にも滅入り、気力も失いがちの日々。これではいけないと思った私は、自分を取り戻すため、家族を東京に残したまま故郷の沖縄に単身戻ることになった。

牧志光子詐欺事件でつまずく

昭和三十三年（一九五八）から翌三十四年（一九五九）にかけて、牧志《まきし》光子《みつこ》なる女性が引き起こした金銭詐欺事件は、当時、沖縄全島を騒がせた大事件であった。何人もの被害者が出たが、恥ずかしながら、私もこの事件にひっかかってしまった。いま思い出しても苦々しく、不愉快な出来事だ。私は一生忘れえぬほど、心身ともに痛手をこうむった。

「いい儲け話がある」という友人からの紹介だったと思う。那覇市牧志町に住む牧志光子、当時三十五歳。一見おとなしく真面目そうで、初対面の人によい印象を与えるタイプの女性だった。誰が彼女を稀代《きだい》の女詐欺師などと思っただろうか。「香港では１ドル硬貨が高値で売れ、これに投資すると一五パーセントの利潤がある。さらに那覇の一流商店主や大物外人たちが組んで有望な事業を計画しているのでぜひ投資しませんか？」と牧志光子は私に言った。私の学資や家族の生活費を稼ぐために始めたわずかな下宿屋の収入をやりくりしていた妻には毎日のように心配ばかりかけていた。なんとか稼いで一日でも早く家族に楽な生活をさせたかったので、出資することにした。まず妹が二〇〇〇ドル、私は知人、友人からお金を借りて一万九〇〇〇ドルを牧志光子に持ち込んだ。まさに大金である。当時は家一軒が二〇〇〇〇ドルで建つ時代だった。最初の三ヶ月位は約束通りの利潤が入った。ところが四、五ヶ月過ぎた頃から「明日は大金が入るから、午後いらっしゃい」という日が続くようになった。借金した友人に約束通り、支払わなければならないのだが、これ以上金の借り場所がなく、とうとう行き詰ってしまった。そうこうするうちに、北谷《ちゃたん》のAさんが三二万九〇〇〇ドル、那覇のBさんが二万五〇〇〇ドルなど、次々と彼女に金を貸していることが判明。そして彼女が警察に訴えられた時には、数十名の人から四四万ドルも借りていた事実が判明した。動いた金の総額は実に一六〇万ドルに上った。捜査の結果、一〇万ドルは彼女の懐に残っている計算になったが、その金もCなる人物にごっそり持ち逃げされたとうそぶく始末だった。後になって判明したことだが、そのCなる人物は牧志光子の友だちの亡くなった主人で、彼女は警察に「この人が金を持っていて行方がわかりません」と友だちから借りたCさんの写真まで届けており、警察もまんまと一杯喰わされるところだった。

牧志光子にだまし取られた金のほとんどすべては借金である。その返済のために始めたのが慶良間《けらま》列島のチービシ島での砂利採取事業であった。その資金はまた友人たちからの借金でまかなった。ところが、その事業もあえなく失敗に終わり、東京へすぐ戻る予定が八ヶ月も妻子のもとへ帰ることができなかった。借金返済の催促を逃れるため、水などほとんどない炎天下の孤島で風呂にも入らず、孤独なわびしい日々を送った。まさにロビンソン・クルーソーのような生活だった。牧志光子事件の際の借金はその後、東京都文京区大塚の家と豊島区西巣鴨に持っていた土地付きの一軒家を手放して返済にあてたが、あの時の苦い体験は私の記憶から消え去ることはない。一獲千金の夢は罪悪。金は額に汗して稼ぐものだと肝に銘じたのである。わが家の子供たちや社員にもそう教えることにしている。

重機械賃貸業を立ち上げる

南海の孤島での私のロビンソン・クルーソー生活にピリオドを打たせたのは台風警報だった。島に残っていると猛風に吹き飛ばされるというので本島の親の家に戻ってきた私を待ちうけていたのは妻子から山のように届いた「早く東京に帰ってきてほしい」という手紙や電報だった。妻の涙には弱い。私は捲土重来《けんどちょうらい》を期し、東京へ戻って自営業を立ち上げることにした。那覇港から神戸港までの船賃は何とか工面し、神戸からは鈍行電車に乗り、一晩かかってわが家へたどり着いた。もとより事業資金はない。思案にくれていたが、意を決して日立製作所の代理店をしていた協立商会という会社に、重機械を月賦で売ってほしいと頼み込んだ。懸命の願いが通じたのか、なんとか協力をとりつけた。この会社から月賦で買った重機を建築現場などでリースする。新しいビジネスであった。太田機械建設の設立は昭和四十一年（一九六六）五月、私は三十九歳になっていた。ちなみに、現在の太田建設株式会社に商号が変更されるのは昭和四十六年（一九七一）九月のことである。

初仕事は群馬県前橋市にある電信電話局の新築工事の現場である。さっそく、重機を現場に搬入することができたのだが、重機は日立製作所製の新品ではなく、米軍払下げの中古だった。運び入れた翌日は順調に稼動したものの、三日目にはさっそくトラブル発生。土砂運搬トラックが十台も並んで待っている最中に、土砂を掘る肝心の重機が故障してしまい、あの荒っぽい運転手に罵声をあびせられて、身のおきどころがないほど苦しい立場に追い込まれてしまった。すぐ協立商会に電話で事情を説明したところ、協立商会は翌日には新品の重機を運び入れてくれた。所持金がない私に新しい重機を売ると代金の回収がむずかしいので、最初は他社から下取りした古い重機を搬入したに違いなかった。

その後、小松製作所の中古重機《しゃぼ》を十台買うべく、二ヶ年月賦払いで契約書を交わすところまでこぎつけたが、最後の段階で商談が駄目になってしまった。その理由は当時、沖縄は外国扱いだったため、万一支払い不能になった場合、代金回収ができなくなる危険性があったのだ。その後、偶然に三菱重工の営業マンがわが家（兼事務所）に来たので、小松製作所との商談が流れた話をしたところ、「わが社の重機を買って下さい」ということになり、商談はとんとん拍子に進んだ。十台の重機を二ヶ年の月賦払いで買取り、沖縄まで運んで販売したこともあった。私はその後、キャタピラー三菱の中古重機を数多く沖縄で販売し、戦後の沖縄の復興に寄与することができた。当時、沖縄地域ではキャタピラー三菱の新品重機械類の販売代理権は香港の会社が保有していた関係で、沖縄への輸出はできなかった。しかし、沖縄では戦後復興のためどうしてもブルドーザーなどの建設用重機械類が必要だった。私はその重機械類を二週間ほどヘドロの中で作業させて、そのまま新古品として沖縄へ輸出してニーズに応えた。

キャタピラー三菱には二ヶ年の月賦払いとした。沖縄の友人等には六ヶ月払いで売りその金を運用したのである。こうしてマイナスから出直した私は四年目には、まだ借金は残っていたものの、やっとキャタピラー三菱、三菱重工、協立商会、日立建機の協力により、将来展望が見え、再起できる自信が持てるようになった。重機械類も増え、重機械の賃貸業を営むことができるようになった。

再び、マイナスになる

しかし、好事魔多し。これからお話をする事件で私は再び借金を抱えることとなる。業績不振の建設会社の仕事を受けたのが不運の始まりである。それにしても人間、貧乏すると実に惨めなものだ。牧志光子の詐欺事件にあった時、マスコミの連日の大報道のおかげで、たくさんいた友人も遠ざかってしまった。戦後、沖縄から東京に住居を移したウチナンチュ（沖縄人）は少なかったこともあり、沖縄から訪問者（公務員、学生）が多く、私はその方々の面倒をよく見ていた。毎年たくさんの年賀状やお手紙を頂き、お正月はそれが楽しみだった。しかし、いったん落ち目になると、年賀状がまったくこなくなる。実にさびしい思いをした。そういうわけで、私はしばらくのあいだ年賀状をこちらから書こうという気が起こらなかった時期がある。人はよくゼロから出発したと言うが、私の場合はマイナスからの出発を連続して二回体験したことになる。マイナスからゼロに達した時の喜びは誰にもわかってもらえまい。ゼロまで戻したとき、体中からわき出る勇気と自信。私はこの感覚をいつまでも大切にしたいと思う。

こころ休まらぬ日々

昭和三十七年（一九六二）頃、ある日、沖縄県北谷村砂辺《ちゃたんそんすなべ》にあった東海インターナショナル建設の社長、佐々宏氏が上京、「軍の工事を受註したので協力してほしい」と協力依頼があった。私は、株式を上場していた東海電気の子会社だということから同社を信用して、沖縄まで重機械を運び込んで普天間《ふてんま》から大謝名《おおじゃな》までの上水道パイプ敷設工事を下請けした。

だがその後、東海インターナショナルは業績不振で銀行管理下にあったことが判明。工事代金の支払いも遅延状態となり、そのため私は工事施工用の資材代、労務費、ポンプ代等外諸々の機械使用料の請求に追いかけられた。月曜日から土曜日まで毎日支払い催促の電話の対応に追われ、身も心も休まる日はなかった。

ある業者などは、夜中に酒を飲んで自宅まで乗り込んできて「いますぐ払え」と暴言を吐くありさま。常日頃から信用を第一に考えていた両親は隣の部屋から聞こえるその暴言に我慢できず、彼らが去った後、父の名義所有の土地、畑を売った代金で支払うようにと言い出した。当時父の家の周辺の土地の一般的な価格は一坪四ドルだったので、その土地を処分したとしても、とても借金を払える状況ではなかった。もちろん所有していた重機械類はすべて売却、処分した。私は親の自尊心まで傷つけてしまった。親不孝この上なく、心を痛める毎日だった。せめて日曜日だけでも自分の心を取り戻すために静かに過ごしたいという気持ちから、誰の声も届かない与勝《よかつ》半島地先《じさき》の海へ出ることにした。

与勝半島の島々めぐりと「ある閃き」

与那城村《よなぐすくそん》には伊計《いけい》島・宮城《みやぎ》島・平安座《へんざ》・藪地《やぶち》島の四つの離島から成る珊瑚礁にかこまれた緑の島々があり、白い砂浜、透明でエメラルドグリーンに輝く美しい海の中に点在している。島民は主として農業、漁業で生計を立てていた。その中で屋慶名《やけな》で漁業を営んでいた久志蒲《くしがま》助《すけ》氏の小船を借りて、その四島に加えて勝連《かつれん》村の浜比嘉《はまひが》島の各島へ何の目的もなしに島めぐりをしていたのだ。

そんな私を見て、宮城島の桃原《とうばる》区長森根《もりね》盛繁《せいはん》氏と与那城村助役の上地《うえち》安房《あんぼう》氏から「桃原地内の農道工事の落札者がいないので困っている。その工事をやってほしい」という申し出があった。

私はこの農道工事でも当局側の設計ミスにより、大きな損害をこうむることになるのだが、それを償って余りある僥倖《ぎょうこう》に恵まれることになる。

桃原部落と本島を往き来するようになったある日、ふと遠浅の海に目が向いたのである。その時の心理状態はよく覚えていない。借金取りに追いかけられて与勝半島地先の海へ逃げ出した自分。なんとかしなければと思い続けていたはずだ。しかし、海を見た瞬間、そんな思いはすっかり消えていたと思う。それが私のこれからの人生をすっかり変えてしまうことになろうとは思ってもいなかった。沖縄の強烈な太陽が照りつけていた。私の中で一瞬何かが結晶していくのが感じられた。私は息をとめた。その時、直感的にひとつのアイディアが閃いたのだ。

「そうだ、ここを埋め立てよう！」

無心の私に訪れたまさしくそれは天恵だった。

漁民との交流・交渉

埋め立てたスペースに企業を誘致し、同時に「離島苦」の解消をはかるという構想を練り、漁民との接触を開始した。漁民の集まる場所は海を前にした小さな瓦葺きの漁業組合桃原《とうばる》支部だったので、全員おさまりきれず、いつも外で蓙蓙《ござ》を敷いて輪になって親しく語り合った。与勝海域は与那城村と勝連村との共同魚場でその権利者は六五〇名の会員だった。

「離島苦」の解消は両村民の共通の願望だったことに加え、漁業組合の幹部に対しても積極的に説得工作をおこなったので、埋め立てに対する内諾は時間を要することなく、とりつけることができた。桃原区も小さな集落であり、みんな純真、素朴な人ばかりだった。しかし、埋め立て計画に対する受けとめ方は半信半疑でもあった。こんな広大な海がどうして埋められるだろうか、夢みたいなことをいうやつだと内心思っていた人もいたはずだ。だから話題はむしろ「どこそこは魚が集まる」とかいう話ばかりで、酒の勢いもあっていつも会合は盛り上がった。

当時、桃原部落には共同売店があり、その責任者だった上地《うえち》安繁《やすしげ》氏（現平宮産業社長）は米軍から払い下げたトラックを所有しており、私が島を訪れると必ずそのトラックでサトウキビ畑の広がる宮城島周辺を案内してくれた。その島にはクルマといえばその一台しかなく、取締りの警察官はいたが、自動車事故もないのんびりした島だったので、ナンバープレートなしでも走ることができた。

与那城村長・議会が埋立計画に同意

漁民の了解を取り付けた私は、中村村長に桃原地先埋め立て計画を話した。中村村長は農道工事の件で、落札者がなく困っていた。村長は私がよく桃原部落に通い漁民と頻繁に話し合いをしていることを知っていたようだった。中村村長も離島苦を解消し農業振興をはかることを政策に掲げていたので、さほど時間も要せず私の計画に賛同してくれた。中村村長はさっそく議会を招集、議員に私の「桃原地先を埋め立てて産業立地をおこない、離島苦解消をはかる」との構想を説明し、計画は議員の賛同を得て全会一致で承認可決された。

第2章

埋立開発計画の実現へ

初めは三井不動産に日参

これだけの大きな構想である。それを実現するためには当然、本土の大企業にお願いする必要があった。私は千葉県の木更津市にある中央産業に陸砂採取のためのブルドーザーを賃貸していた関係で、よく東京から電車で木更津間の海岸沿線に通っていた。海ではよく埋め立て工事がおこなわれており、私はそれに関心をもっていつも眺めていたものだ。浚渫《しゅんせつ》船からふき出す砂でどんどん海が土砂で埋まっていく。その光景を見ながら、たいしたものだと感心した。その事業の中でも特に三井不動産の現場に注目した。そこで、三井不動産と親しかった及川建設の及川社長や、千葉県出身の木竜《きりゅう》氏に三井不動産の臨海事業部を紹介してもらい、沖縄県与那城村の桃原地先にある公有水面の埋め立て計画を打診した。

その後、同じく千葉出身の清水氏も加わり毎日、埋め立て計画について語り合った。私たちは与那城村の状況、埋め立て予定の宮城島桃原区と平安座島間の面積、水深等の現況に関する資料を、三井不動産の臨海事業部の太田省一氏、柴沼明氏に提出し、「沖縄経済発展のため、ぜひご協力を頂きたい」とお願いした。私たちは何度も熱心に三井不動産に通い、お願いしたこともあり、三井不動産側で真剣に検討して頂いているだろうと期待していた。

昭和四十三年（一九六八）、私は沖縄から招いた中村盛俊村長・赤嶺正雄与那城村議長、それに何人かの議員を三井不動産に案内した。期待に胸をふくらませて坪井東常務（当時）に面談した。ところが、一向に話がかみ合わない。その案件については具体的に担当者から何ら説明がなされていなかったようだ。案件は担当者の机の中に仕舞われたまま眠っていたのだ。当然のことながら何も検討されていなかった。何のために七ヶ月も通い続けたのかと私は憤りを覚えた。

三菱商事に相談

仕切り直しをしなければならなかった。そこで、さっそく以前から取引きのあったキャタピラー三菱の建設機械中古機担当の芝田実《しばたみのる》課長に会い、三井不動産とのいままでの経緯を話した。

芝田氏は「そのような大きな案件は三菱商事に相談したほうがよいと思いますがね。しかも、あなたは三菱重工やキャタピラー三菱との取引きもあるわけだから」とアドバイスを受け、さっそく三菱商事を紹介して頂くことになった。

昭和四十三年（一九六八）頃は、沖縄に対する日米協力体制がない時代である。日本政府は沖縄の潜在主権をもっていながらゲタを米国に預け、積極的に沖縄対策を講じることもなかった。米国の占領以来、司法、行政、政治は米軍施政下にあり、米国政府も日本政府の沖縄問題への介入を歓迎しなかったのだ。本土経済界も沖縄に対する関心がなかった。日本は高度成長時代を迎え、神武景気といわれていた時期だ。

私は身の程もわきまえず単身、三菱商事に乗り込んだのである。普通これだけの大きなプロジェクトとなれば沖縄県議会で決議し、それを受けて県知事が三菱商事に要請するという手続きを踏むのが常識だった。しかし、度重なる失敗で精神的に極限状態だった私は、勇気をふりしぼり、非常識とも思える行動に出たのだ。三菱商事本社の玄関に単身足を踏み入れたとき、改めてこの日本を代表する総合商社の規模の大きさに度肝《どぎも》をぬかれた。私は四十一歳になっていた。

当時、日本は高度成長時代を迎え、三菱商事に対して全国から企業誘致や地域開発の依頼が殺到していた。「あなたの沖縄までは当分のあいだ手がまわらない」という返事であった。

しかし、私は、三井不動産へ通って七ヶ月間空費した経緯もあり、迷惑とは知りながらもねばり強く三菱商事へ通い懇願し続けた。

三菱商事にとっては、当時米軍施政下にあった沖縄のプロジェクトを検討するにしても、海外事業協力課か国内事業部でやるのか、どこが担当するのか困惑している様子だった。

そういう状況がしばらく続いた後、チャンスがめぐってきた。幸運にも、三菱商事のエリート集団の部長や課長十数名を前にして埋め立て計画の概要を説明する機会を与えられたのだ。私は、与那城村としての考え、漁民の意識、埋め立て予定地の立地条件等について、資料を元に仔細に説明することができた。参加者一人一人が、私の話を熱心に聞いてくれたことに意を強くした私は、さっそく沖縄に戻り、村長や議長に報告した。

与那城村長・議長とともに三菱商事へ

その後、村長・議長他数名の議員といっしょに三菱商事を訪れ、企業誘致をお願いした。

私たち一行が、上京するまでに国内事業部の萩野仁輔課長はすでに与《よ》那《な》城村《ぐすくそん》の文化・歴史・

状況等について詳しく勉強しておられたことに訪問者一同、敬服した。ところがその会議中に萩野課長の前で説明を聞いていた与那城村副議長の中村徳吉氏が、長旅の疲れか、いびきをかきながら居眠りしてしまったのだ。とんだハプニングである。離れてすわっていた私は副議長をツネることもできず、恥ずかしいやら、申し訳ない気持ちでこの会議が一刻も早く終わることを願ってやきもきしたことを、いまとなっては微苦笑をもって思い出す。

私はその後、三菱商事に足繁く通い続けた。その中で、三菱商事の萩野課長から初めて企業誘致のむずかしさを教えられた。「工場立地としてそれだけのメリットがありますか？　マーケッタビリティーは？　それと技術者の確保は？　問題はまだあります。企業誘致した場合、法人化の際に従業員およびその家族の福利厚生面はどうなりますか？　企業側がこれらのことをすべてカバーすることはできませんね。すると行政面でこれをやらなければなりません。大変な公共投資を必要としますが、与那城村のこの計画を琉球政府はどう評価し、どのように位置づけているのでしょうか？」。萩野課長は企業誘致に関するさまざまな要件を具体例によって説明した。そして最後に「企業誘致は政府、企業、村が一体になってはじめて成立するものです」と言って結んだ。私ははじめて会った三菱商事の面々が熱心で親切に話してくれたことに感激し、村長、議長のほか議員たちにそのことを報告した。

鹿島臨海工業地帯を視察

昭和四十三年（一九六八）十一月と昭和四十四年（一九六九）一月、二組に分かれて上京し、茨城県の鹿島《かしま》臨海工業地帯造成計画を視察することになり鹿島町を訪ねた。

鹿島町、神栖《かみす》町、波崎《はさき》町を区域とする広大な陸地を人工堀込式で築き、そこに港湾、鉄鋼、石油化学、電力などの総合臨海工業地帯を建設するこの計画は茨城県東南部の中核拠点を目指す国家プロジェクトとして位置づけられていた。地域は無論のこと、日本の経済発展に貢献する大規模な事業が展開する様子を見て、みな驚くばかりだった。

このような大プロジェクトの開発構想からマスタープランの作成まで、三町にまたがって多くの地権者の同意、地域住民や各種団体の合意形成への努力がなされ、その事業が順調に進展している現場を見て関係者の御苦労はいかばかりかと、尊敬の念を抱かずにはいられなかった。沖縄の与那城開発構想は鹿島の場合とは異なり離島と離島のあいだの公有水面を埋め立て、離島苦の解消とともに石油産業（備蓄基地）を立地する計画ではあったが、鹿島開発の規模の大きさや開発の手順、環境整備等を見学し、大いに勉強させられた。

埋立計画を三菱が検討へ

昭和四十四年（一九六九）三月、与那城村議会は宮城島・平安座《へんざ》間の埋め立て事業を三菱商事にお願いすることに決定した。私は、みずから調査測量作成した図面を持参、三菱商事の野村氏と萩野課長を訪ねて相談を重ねた。持ち込まれた計画書を三菱商事では、コンピューターにかけて試算した。その結果、三菱商事からの回答は「マイナスの数字が出て無理のようです」というものだった。私はこの言葉に落胆し、目の前が真っ暗になってしまったが、「漁業保障だって安くあがるし、村があれほど熱心にお願いしているのですから、なんとかやれる方法はないでしょうか？」と必死に野村氏を説得した。野村氏が「これは単なる企業誘致ではだめです。仕切り直しをして〝地域開発協力依頼〟ということで文書を作り変えて再度要請しましょう」と、アドバイスしてくれた。

昭和四十四年（一九六九）十月。中村村長とともに私は三菱商事に開発本部長である江森常務を訪ねた。

その席で中村村長はとつとつとした口調で真剣に話し始めた。「沖縄そのものが本土から見れば離島です。その中でも私らの村は沖縄本島から離れた四つの島で成り立っているのです。沖縄の経済指標は本土の六〇パーセントにも満たない水準です。その中で与那城村は尻から数えて一番から二番といった貧しい村です。埋め立て事業ができれば離島苦は解消でき、経済的にも発展します。しかも六四万坪ともなれば、単に与那城村だけでなく、沖縄全体にとっても大きな経済振興策になります」。居合わせた萩野課長、中尾氏、野村氏は改めて「離島苦」という言葉の深く重い意味を思い知らされた様子だった。

昭和四十五年（一九七〇）九月十八日、三菱商事内で会議が開かれた。私はそこで与那城開発について村、議会、漁業組合の考え方を発表した。出席者は開発事業部の坂牧弘康部長、深井丈一部長代理、三矢《みつや》国男次長、鶴海《つるみ》常務取締役、細郷《さいごう》弥市取締役、牧野昌一部長代理、荒牧泉氏、勝賀《かが》財務部次長、野村一氏であった。荒牧氏は与那城プロジェクトの必要性を強調し、「グループとして前向きに取り組みたいが、その七〇〇万坪に対して太田さんが責任をもって、このプロジェクトの推進に協力してもらえるか」と確認の質問をした。私はそれに対して「村、議会、漁業組合も了解しているので、責任をもってこの事業の推進成就に向けて協力する」と誓った。さらに牧野部長代理は「この件について実行する段階になった場合には何を三菱側に要求しますか」と問うた。私はそれに対して、「私は建設会社を営んでいるので、その工事をぜひやらせてもらいたい」と希望をのべた。九月二十一日に中村村長も上京してもらい、十八日と同じ三菱商事のメンバーで同じ議題で会議を開いた。次の日、村長と私は江森盛久常務（開発本部長）と面会し、与那城開発の件で協力を依頼した。江森常務からも快く「前向きに検討します」と約束を得た。

その後、三菱商事、三菱開発の主催による懇親会に招かれた。九月二十四日、三菱商事で三矢次長、牧野部長代理、野村氏と会議が開かれた。議題は再度このプロジェクトが決定した場合の双方の要求事項の確認だった。私は「埋め立て土木造成工事についてはわが社にやらせてもらいたい。プラント関係は特殊技術を必要とするので遠慮申し上げたい」と伝え、会議は終了した。その夜は三菱化成工業の池田保彦常務主催の晩餐会に招かれ、三菱商事の荒牧氏、中村村長とで懇親をふかめた。席上、村長は三菱化成の与那城村に企業進出を要請した。

三菱に「離島苦」の解消と地域開発を願う

私と中村村長は村に帰り、村長は江森常務に親書を認《したた》めた。これが江森常務の手許に届いたのを見計らい、村長といっしょに上京、開発本部長である江森常務を訪ね懇願した。

江森常務は、「太田さん、この事業はコンピューターで試算した結果一度は断念したが、地元が〃離島苦の解消と地域開発〃に協力してくれということですので、考え直しましょう。明治百年で三菱グループが今日あるのも日本全国のご支持によるものです。ましてや先の戦争で沖縄の皆様には大変な犠牲とご迷惑をかけています。お話の通り、本土から見れば沖縄自体が離島苦を背負った島です。調査をして新しい埋め立て地にどんな企業を誘致すれば与那城村の自然を壊さずに、村の発展とひいては沖縄の将来のためになるかを考えて、国でできないことを三菱商事でやってあげましょう」との常務の英断でこの大事業が実行されることになったのである。江森常務の指示により三矢部長を中心としてプロジェクトチームを結成して本格的な検討に入った。

三菱、本格的な調査に取り組む

昭和四十五年（一九七〇）七月、三菱商事を中心として三菱開発・三菱地所・日本郵船・セントラルコンサルタントで構成された最初の沖縄調査団が派遣されることになった。この年、三菱グループは、日本列島の開発ブームに対応すべく三菱グループ百年を記念し「三菱開発株式会社」を誕生させている。これまで、三菱商事と与那城村《よなぐすくそん》とのあいだで進められてきた事業の交渉窓口は昭和四十五年七月から三菱開発へ移行され、三菱商事は事業推進の協力会社の一つになった。昭和四十四年（一九六九）十月以来、与那城村の要請を受け、沖縄金武《きん》湾総合開発に夢を膨らませていた三菱商事の野村氏・萩野課長ほか数名の方々はくやしそうな様子であった。

三菱開発を中心とした沖縄開発調査団の作業は入念かつ慎重に続けられた。旧式の計算機を使っての積算事務を私の小さな事務所でやって頂き、恐縮するばかりであった。私は、ほとんど調査団と行動をともにし、沖縄と東京のあいだを行き交い、三菱商事へ日参し、調査団の結論を待ちわびていた。

与那城村長も昭和四十五年（一九七〇）九月に上京して、三菱商事はじめ三菱グループ各社に金武湾への進出を要請したが、調査が進むにつれ、企業立地の困難さが判明してきた。用地面積の広さからみて当然、装置型産業誘致ということになる。しかし、それに必要な生産に関する現地諸条件、特に水と電力については、ほとんど期待できないという悲観的な見方だった。

その年、昭和四十五年（一九七〇）十二月二十三日、三菱開発から村長と私宛に一通の書状が届いた。内容は調査の経過を知らせるものであった。

「埋め立て事業は、あくまでもそこに誘致する企業を決めたうえで事業に着手する。目下進出可能な業種を選定するためにあらゆる可能性を検討中だが、工業用水の確保が見込めないため、これが大きな障壁となり、結論が出ていない。いましばらく時間を要するが、可能性を見つけるべく引き続き努力したい」との内容だった。この時点で石油備蓄基地（ＣＴＳ）も候補の一つに上がった。三菱開発の若き担当者であった石附達郎《いしづきたつろう》氏はマージャン付合いを口実に三菱石油に通い続け、企業誘致の話に乗ってほしいと熱心に説得を続けた。

石油備蓄基地（CTS）構想が浮かぶ

私も三菱石油の企画部長の柴田賢一氏をはじめ関係部署を頻繁に訪ね、沖縄経済発展のため、ぜひ進出して頂きたいと要請を続けていた。

その頃は日本経済の高度成長によって急増する石油需要に対応するため、石油備蓄計画の動きもあった。また沖縄では米国企業ガルフ社も宮城島の平坦な高台の土地に目をつけ、製油所および石油備蓄基地（CTS）を作るため地元住民の説得、同意を得るべく努力していた。宮城島周辺の金武湾は水深が四〇～五〇メートルもあり、タンカーの大型化による大量輸送によって中東からの輸送運賃の低減化をはかるためには、すばらしい立地条件にあった。三菱石油としては仮にCTSを立地するならば海を埋め立てるのではなく、宮城島台地が好適であるとの話もあったが、宮城島はガルフ社の進出計画に対して農地を守る会があり、その農民運動のリーダーである首里牛善《しゅりぎゅうぜん》氏の主導する反対派の猛烈な抵抗で断念せざるをえない状況にあって「宮城島への立地は無理」と伝えていた。

第3章

CTS（石油備蓄基地）への道

あわや一五万ドルの先行投資がフイに

離島苦を解消して農業振興をはかり、企業誘致して地域を発展させるべく様々な模索を続けていた村長と私は、海の水深測量や図面を作成した事情があり、海ではなく陸地のほうがよいのではないかという三菱石油企画部長が、ふともらした言葉に一抹の不安を感じていた。なぜなら、三菱商事が企業進出するという前提で事業計画書など分厚い関係書類を作成して、昭和四十五年（一九七〇）頃、琉球銀行コザ支店長だった北谷朝常氏を説得した結果、大金の一五万ドルを無担保で借りたのだが、その金を調査費、測量費、図面作製費としてすべて海へ先行投資していたからだ。前にも書いたが当時は家一軒が二〇〇〇ドルで建つ時代であった。したがって、三菱開発がそのプロジェクトを断念した場合、私は北谷支店長の好意を裏切ったことになる。また経済的にも苦境に陥り、人間としての信頼を失って再起が不可能な極限状態に追い込まれる状況にあった。

その不安感もあり、私は三菱開発に粘り強く毎日通い続けた。琉球銀行コザ支店長の北谷氏も、その事業がなかなか進展しないことに心を痛められ、私と会うたびに「状況を知らせてくれ、その金の返済を何とかできないか」と非常に心配しておられた。しかし、紆余曲折はあったものの、ついに三菱開発がこのプロジェクトを実行すると決定するや、琉球銀行コザ支店の北谷支店長をまず最初に訪ね、受け取った書状を見せて報告した。北谷支店長もやっと肩の荷がおりたという感じで微笑んでおられ、二人で喜びを分かちあったことが、いまでも脳裏から離れない。分厚い計画書だけで、私を信用して大金を貸して頂き、この大事業が成就できたのも、北谷支店長の英断なくしては不可能だった。いまでも感謝の気持ちは変わらない。

中村村長、ＣＴＳ計画を発表

与那城村《よなぐすくそん》の中村村長は三菱開発からの書状を受け取り、村議会を招集し、その書状を発表した。村議会としても、ＣＴＳについては当初の計画通り公有水面埋め立てへの立地を強く希望していた。村長は、これを受けてさっそく三菱開発へ書状を送り、お願いしたのである。

昭和四十六年（一九七一）二月八日、三菱開発から、実質的に進出を決定した旨の書状が中村村長と私宛に届いた。「村側にはそろそろ埋め立て免許の申請準備をお願いしたい。宮城島と平安座間の埋め立て成案までにはまだ若干時間を要する」とあった。

こうしてCTS立地を前提とした、埋め立て事業はいよいよ現実のものになり、スタートする段階に至った。三菱商事本社で関係者全員がそろって前途を祝し、乾杯で気勢まであげた。ところが翌日、三菱商事へ行くと、なんと「このプロジェクトは駄目になった」と聞かされた。私は強いショックを受けた。

日本政府の経済企画庁のある高官が発言したとされる「珊瑚礁の地盤では、巨大なタンクの重量に耐えるかどうか不安だ」とのひとことにその理由があると、私は三菱商事で知った。さっそく私は当初から調査団の一員であった、セントラルコンサルタントの事業部長、工学博士（後に東洋大学教授）の米倉亮三氏に調査を依頼し、宮城・平安座島は粘土質のクチャ（島尻クレイ）であることを立証してもらうことにした。経済企画庁の高官の発言なるものを実際に確認してみると「沖縄だけを対象とした話ではなく〝世界的に見た場合〟珊瑚礁が群生する場所は空洞であることが多い。それを懸念して話した」ということで、あくまで一般論としての発言だったことがわかり一安心、再び愁眉を開いて、賑やかな乾杯となった。

村長は、ただちに三菱開発に対し感謝を込め、次のような趣旨書を送った。

「昭和四十五年七月（一九七〇）以来、度重なる調査研究の進捗に村民等しく感謝している。村としては二月下旬までに準備して公有水面埋め立て免許の申請をしたいと考えている。したがって三菱開発との覚書をなるべく早く締結したい」

与那城村と三菱開発との覚書は昭和四十六年（一九七一）四月二十八日におこなわれた。その主たる目的は、与那城村の委託を受けて以下の二点となった。

1．宮城島・平安座間の公有水面の埋め立て土地造成事業
2．三菱開発は新造成地への企業誘致を引き受ける

国場組が参入

このＣＴＳプロジェクトがいよいよ本格的に始動することになるや、予期せぬ出来事が起こった。

三菱商事の那覇支店長の長谷清美氏から「この事業に国場組を参画させてほしい」という要望である。だが不思議なことに、その後、三菱商事からは数十回以上足を運んで頂いたに

もかかわらず、国場組からは何の要請もなく、依頼もなかった。建設省から三菱商事に出向していた松本五郎氏と沖縄市の京都観光ホテルで話し合いをした際には、「太田さん、三菱商事からの最後のお願いです。ぜひ、国場組を参加させてくれ。さもなければ三菱商事はこのプロジェクトを中止するかもしれません」という強い要請を受けた。私はそれに対して「本件に関し、御社からは数十人も私の所にお見えになりましたが、肝心の国場組からは一度も、誰一人、私の所に話はありません。みなさんは大きなプロジェクトということで、保証担保能力で私の小さな会社に不安をもっておられると思いますが、それについては本土大手ゼネコンとJVを組んででもやる肚《はら》をかためています。皆様にはご迷惑をかけないよう、心の準備はできています」と申し上げた。するとと松本五郎氏は顔を真っ赤にし、「わかりました、太田さん」と言うなり、すっと立ち上がって帰られた。憤懣やるかたない表情だった。もちろん、私に対してではないようだった。松本五郎氏は那覇の国場ビルにある三菱商事那覇支店に帰るやいなや、国場幸太郎社長に面会を求め、「国場社長、あなたは私たち三菱商事の人間を何回も太田建設にお願いに行かしておきながら国場組からは誰一人もお願いに行ってないようですね。太田さんの会社をいまは小さい会社だからと馬鹿にしないで下さい。三菱は太田建設を大きく育てようと思っていますから」と意見をしたようだ。国場社長は

「小さいからといって決して馬鹿にはしていません。私の会社も三十年前には、あの大きさしかなかったのですから」と答えたという。それからさっそく、同社常務取締役の大田良雄氏から国場社長が挨拶に伺いたいから時間をとってほしいとの要請を頂いた。用件は充分わかっていたので、敬意を表して私のほうから伺うことにした。会見の場所は那覇の東急ホテルと決まり、国場社長、大田常務と話し合いをした。ところが初めてお目にかかった国場社長の独特の話し方になれてなかったせいか明瞭に内容が聞き取れず、その後、大田常務と電話でのやりとりで国場組にも事業へ参画してもらうことを承諾したのだった。

いっときの大金より永久に続く仕事を

このプロジェクトがより具体的に実行されるという情報が流れるや、本土大手や沖縄の建設会社の社長以下トップの方々の訪問に追いかけられる日々が続き、その対応に多忙を極めた私は体をやすめるために雲がくれをきめこむこともあった。某会社の役員は、常務会で「太田はいま金に困っている。そこで彼のプロジェクトの権利を三億円で買い取ることにした」と宣言したようで、私に売却の意志はあるかと別の役員から打診があった。私はたしかに金に困っているが、いま大金を持つより永久に続く仕事が重要だとその申し出を断った。その時、私の友人たちは苦労するよりはそれを売って身軽になったほうがいいのではないか、早く売りなさいと忠告する人もあった。しかし、一時の苦労は自分の過去の苦労とは比較にならないと思い、頑として私は友人たちのアドバイスを聞き入れなかった。

三菱セメントと石油の特約店を取る

ＣＴＳ建設が完成し、操業に入ってからは、私の会社は沖縄石油基地のメンテナンスを受注し、現在に至っている。また、三菱開発がＣＴＳ建設を計画し実行することに決めた際、三菱鉱業セメントも沖縄進出を決めた。同社からは営業部長の後藤美治氏が来県され沖縄県のセメント受入れサイロの立地場所などを調査した。沖縄県は海に囲まれていながら意外なことに陸地に船を接岸できる水深七メートルの港がなく、その立地場所を後藤部長と苦労して探したが、やっと石川市の埋め立て地に見つけることができた。その所有者である伊波善《いはぜん》信《しん》氏と買い取りの約束をかわしたが、どこか伊波氏の態度に異様なものを感じたので、後藤部長は翌日ただちに東京本社に連絡し、代金を急遽、伊波氏の口座に振り込ませ、用地を確保することができた。伊波氏への他社からのアプローチを先手を打って封じ込めたわけである。

セメント受入れサイロは現在でもその機能を充分果たし、私の会社もそのことが縁で三菱鉱業セメント（現・宇部三菱セメント）の特約店として販売、輸送業務を手がけている。石油も米軍占領以来、沖縄の石油供給販売はカルテックスが独占していたが、復帰と同時に日本の各石油会社のあいだで既存のガソリンスタンドのシェア確保のための争奪戦が始まった。大金が舞ったのである。三菱石油福岡支店の藤原宏支店長はシェアの確保を他社に依頼していたところ、一ヶ所も確保しておらず、困っておられた。最終的にはCTSの関係もあり、私も一肌脱ぐことになった。協力して他の系列に決まっているスタンドの系列を覆し、中部地域になんとか四ヶ所を確保することができた。その縁で三菱石油（現・新日本石油）の特約店として、石油販売もおこない現在に至っている。

与那城村埋立免許を申請

話を本題に戻そう。

与那城村《よなぐすくそん》は三菱開発との覚書締結に続き琉球政府に対する手続きをおこなった。昭和四十六年（一九七一）五月十五日、事前に私の会社が作成し準備してあった図面に、さらに必要事項を書き加え、「公有水面埋め立て免許申請書」として申請したのである。これを受理したのは当時、琉球政府の土木課長であった山城廣茂氏であった。加えて、三菱開発と三菱商事も五月十九日に琉球政府に対して外資導入免許を申請した。さらに、三菱開発は九月二日に埋め立て地に建設予定のタンクに付随する沖合のタンカー停泊設備「シーバース及び海底管設置のための金武《きん》湾港内公有水面占用並びに工作物（シーバース）建設に係る許可申請」を与那城村に提出、同村長はそれに副申《ふくしん》をつけて琉球政府に提出した。

昭和四十六年（一九七一）十月二日、与那城村議会は、全会一致で与那城村と三菱開発とのあいだで締結された覚書を承認。昭和四十六年同時に公有水面埋め立ての早期認可について要請を受けた琉球政府は、十月二十六日、通商産業局に三菱開発の代表を招いて事情を聞いた。

「われわれは与那城村と村議会から〝離島苦の解消と地域経済開発〟のため石油関連事業の立地要請を受け、それに応えるべく決意した。三菱開発はみずから進んで出てきたのではない。村の強い要請によって進出を決意したのである」ということを重ねて強調した。これを裏付けるように昭和四十六年（一九七一）十一月九日には村長はじめ助役・議会議長・副議長が琉球政府を訪ね全員一致で承認された覚書の内容を説明し、あわせて公有水面埋め立ての早期認可を要請した。

さらに十二月三日には、離島住民代表の区長、離島出身村議十人が琉球政府を訪れ早期免許交付を強く訴えた。琉球政府にとっても、宮城島・平安座間《へんざ》を埋め立てるというのは予想外のことだった。

海中道路に村民の期待高まる

屋慶名《やけな》（本島）と平安座島を結ぶ海中道路は全長が四・七キロメートルある。遠浅の海面で昭和四十七年（一九七二）に海中道路ができる前までは、干潮時に歩いて渡っていた。運賃を払えば米軍払下げの車GMCトラックで往来することもできた。沖縄本島の与勝半島に連なる平安座島、宮城島、伊計《いけい》島、そして浜比嘉《はまひが》島は珊瑚礁に囲まれた緑の島に、白い砂浜、透明でエメラルドグリーンに輝く海。一見したところ、のどかで美しい島々である。だが、それぞれの島には、そこに住む人でなければ理解することのできない苦悩があった。

「離島苦」という言葉は辞書にもない。だがそこには、どんな言葉でもあらわしようがないほど辛く悲しい歴史がひそんでいる。かつて孤立していたこれらの島の住人は、漁業やサトウキビの栽培などで生計を立てていたが、沖縄本島との連絡は一日二、三便の連絡船のみであった。たいした医療機関もなく、学校も小学校のみであったので、島の子供たちは中学に入る年齢になると連絡船に乗って対岸の本島の学校に通うか、寄宿舎に入って日曜日の休みには島の親元に帰ってくるという繰り返しであった。病院へ行くのも、学校へ行くのも、買い物に行くのも連絡船に乗って本島へ渡らなければならない。沖縄の言葉で言ういわゆる「島ちゃび」（離島苦＝離島ゆえに抱える苦難）に縛られた生活を強いられていたわけである。

引き潮の時、この遠浅を歩いて本島に渡ろうとして途中、満潮に遭《あ》い溺れた者がいる。医者にみせようとして間に合わず死んだ子を抱いて本島めざして走った者がいる。離島であるが故に子を亡くし、肉親を死なせた悲しい経験。そんな悲しい思い出を持つ島民ばかりであった。この苦しみを解消するには離島の住民たちがみずから立ち上がるほかない。昭和三十六年（一九六一）一月、平安座島の出身で後に副知事になる新垣《あらかき》茂治氏の発案で海中道路建設推進「期成会」が結成されることになった。その会長には後の村長、中村栄春氏が就任した。平安座島総決起大会が開かれ、離島苦解消のため海中道路の建設が提案された。当然のことながら誰一人反対する者はなかった。工事着工をめざし、村やアメリカ軍へ協力を要請することになった。中村氏と新垣氏は村から離島をなくそうと、村の将来を語りながら情熱を燃やしていた。

昭和三十六年（一九六一）三月十日念願の海中道路第一期工事がスタートした。建設費は区民の自己負担。人海戦術の決意での着工だった。

村民はもちろん、沖縄各地に散っている離島出身者や米軍マリン部隊ブルドーザーの協力も得て工事は順調に進んだ。一日二回の干潮時を狙って珊瑚礁の混ざった土砂を積み上げ二ヶ月ほどで八〇〇メートルも進んだ。

「先祖からの長い間の念願がかなう」中村氏は独り言をいいながら積み上げられた土砂を踏みしめた。「この程度の干拓なら、海中道路もすでに完成したようなものだ。早くやればよかったのに」土砂の積み上げに協力していた米軍マリン部隊の一人が自信たっぷりにそう言いながら、新垣氏の肩を叩いた。だが、その喜びも束《つか》の間だった。

沖縄は「台風銀座」として知られている。昭和三十六年（一九六一）八月に襲来したナンシー台風と十月のウェルダ台風の猛威によって八〇〇メートルの海中道路は跡形もなく消えてしまったのである。なるほど台風の規模も大きかったが、積み上げた土砂はほとんど珊瑚の死骸であったため、もろくも強烈な波と風に流されてしまったのだ。「やはり、だめか」茫然自失のなかから新垣氏はそう言うと、中村氏に向かって語りかけた。「もう一度やりましょう。土砂を盛るだけではなく今度はコンクリートで固めるのです」中村氏は無残に壊滅した工事現場にたたずんだ。離島苦を解消し、老人と子供ばかりの島を活力ある島に変身させ、農業を振興、村全体としても大きく発展させようという夢も一瞬にして消えた。だが、島の人々は挫けなかった。このままでは、あきらめきれない。島民は再び立ち上がり、こんどはコンクリートで道路を作り始めたのである。

昭和三十七年（一九六二）四月のことである。第一次計画を一三〇〇メートル、第二次計画を八〇〇メートルと小刻みではあるが着実に進めようということで計画が練られて、工事が再スタート。八〇〇メートルほど進んだところだった。

連日の賦役によって着実に伸長する海中道路は、
まさに離島苦解消への光明にみえた（1961年）。

完成した海中道路

同じ頃、隣の宮城島ではある重大な交渉が進行していた。アメリカの石油会社ガルフ社が石油タンクを設置しようとして、島民との折衝に入っていたのである。宮城島は台地をなして金武湾に面し、海は水深五〇メートルもある。大型タンカーの接岸も島側一〇〇〇メートルの海上シーバースという接岸施設を建設すれば容易にできる。この理想的な立地条件のため、早くからアメリカの石油会社に狙われていた。ところが、平安座島と違って肥沃な土地に恵まれた宮城島の人々は農業に対して執着があり、先祖伝来の土地を手放すことには大きな抵抗があった。ガルフ社はそれでも執拗に折衝を続けたが、「土地を守る会」などができて激しい反対にあい断念せざるを得なかった。ガルフ社は沖縄にある米軍基地をはじめ極東の各地へ石油を供給するため是が非でも沖縄に石油の貯蔵基地が必要だった。そこで仕方なく目を向けたのが隣の平安座島だった。平安座島は土地がやせ、芋ぐらいしかとれない。この離島苦にあえぐ貧しい島では、多くの島民が半農、半漁で暮らしを立てていた。時あたかも、自力で築いたばかりの海中道路は壊滅し、再びコンクリートで道路を建設しようと立ち上がった矢先である。島民は離島苦を解消したい一心から海上道路建設を条件にガルフ社に石油貯蔵タンク建設を受け入れた。新垣氏はこの時から期成会の会長になった。それまで会長を務めていた中村氏は辞任し、新垣氏に夢を託した。

昭和四十三年（一九六八）一月、琉球政府は公害防止などの条件をつけてガルフ社に免許を交付した。この時、琉球政府から免許交付を受けた石油会社はガルフ社だけではなく、カイザー、カルテックス、エッソの三社も含まれていた。この頃、沖縄には平安座島のような離島苦解消と同時に石油外資から多くの関連産業が生まれ、沖縄の工業発展のために質的転換がはかれるという期待があった。また一方では本土の四日市公害の二の舞になりはしまいかと不安もあった。祖国復帰を前にした石油外資の既得権を確保しようとする駆け込み申請も多く、復帰後の日本の石油政策上、好ましくないといった本土政府、経済界の声もあった。

昭和四十三年（一九六八）十一月、沖縄で初の主席選挙が施行され革新の屋良朝苗《やらちょうびょう》主席が誕生した。時代が大きく変わろうとしていたのである。だが、与那城村にとっては本土中央政府の変化に関係なく、離島苦解消は素朴に村民全体が願う共通の関心事であり、また渇望でもあった。この年、ガルフ社は平安座島で石油貯蔵タンクの建設起工式をおこなった。また平安座島と本島（屋慶名）まで四・八キロメートルの海中道路の建設にも着工した。

昭和四十五年（一九七〇）六月六日、平安座島民が待望してきた海中道路が二三〇万ドルの工費をかけて完成した。

第4章

沖縄三菱開発の設立と埋立工事

石附氏、沖縄に赴任

東京でこの事業に情熱を燃やし、強い決意で企業誘致に専念してきた三菱開発の石附《いしづき》達郎氏がいよいよ沖縄にやって来ることになった。連日、三菱石油に通い続け、夜はマージャンでの懇親を通じて、誘致に乗ってほしいと同社を説得してきた男である。強い味方を得て、なんとも心強いことだった。うれしかった。私は心から彼を歓迎した。昭和四十四年（一九六九）十月、与那城村《よなぐすくそん》から三菱商事に対し事業協力を正式に要請してからちょうど二年目、昭和四十六年（一九七一）十月二十九日のことだった。私より二歳若い石附氏は、開発の仕事に使命感と夢を抱き、自分を賭けてみたいと願っていたのだ。本土内でブーム化していた開発案件には見向きもしなかった石附氏だったが、昭和四十五年（一九七〇）からこの沖縄の案件には強い関心を持っていたようだ。萩野課長や野村氏ほかスタッフが口にした「離島苦解消」という言葉が、石附氏の関心を捉えたことは確かだった。そして、もう一つが沖縄の人のための「沖縄開発」であった。石附氏が学生時代に知った沖縄に対する理解がそのベースになっていた。歴史的に沖縄の期待は常に裏切られ、そのたびに新しい負い目を一つずつ背負ってきた。友人たちは遅れて出発した同胞に援助の手をさしのべることより、その小さな「島国」沖縄を自分たちの利益のためだけに利用することが多かった。そんな目にあっているのが沖縄だと彼は考えていた。本土から離れた沖縄をなんとか開発してあげたいという信念に燃えた石附氏は沖縄入りするや、まず琉球政府を訪れ、関係筋を挨拶まわりした。これが石附氏の最初の仕事だった。

与那城村や三菱開発から申請した案件の許認可がなぜ遅れているのか？　石附氏はほとんど毎日のように琉球政府を訪れ、担当者と懇談を繰り返した。なかでも、石附氏がもっぱらターゲットにしたのは平安座《へんざ》出身で総務局長の要職にあった新垣《あらかき》茂治氏だった。かつて「平安座島と本島を結ぶ」のだと言って立ち上がった新垣氏は、いまその念願がかない、さらに着々と進行している与那城村の離島苦解消のための活動に注目しながら、革新主席の琉球政府で主要なポストについて働いていたのだった。

CTS説明会の日々

石附氏と私は、村議や村役場の職員とともに各離島をまわって埋め立て計画とCTSについて説明会を続けていた。一月から二月にかけては、サトウキビの刈り入れ時期であるため、説明会は夜八時から十時頃まで続いた。できたばかりの海中道路から平安座島まではトラックで行き、宮城島、伊計《いけい》島へは小船で渡る。島の人たちはまったく信頼し切った表情で石附氏を歓迎した。

「石附さんご苦労さんです」

「私たちの夢は本当に実現するのですか?」

参加者の関心事は、本当に埋め立てによって陸続きになるかということであり、CTSに関する説明にはあまり関心を示さなかった。一通りの説明会が終了すると、待ち構えていたように酒盛りが始まった。酒が飲めない石附氏は、そっと水に差し替えてはみんなと調子を合わせている。石附氏は、全島の説明会が終わってからも暇さえあれば島へ渡って住民と親しく話し合った。

ある老人から「あんたはウチナンチュ（沖縄人）かね」と聞かれた石附氏は「ちがいます」と答えた。すると老人は「ヤマトンチュ（大和人）かね。あんまり熱心だから沖縄から本土の会社に勤めている人だと思った」と、目を細めて石附氏を見つめた。小さな顔には苦悩の歴史を刻みこんだような幾筋もの皺《しわ》があった。

「本土の人にはわからないだろうが、離島の辛さは大変なもんだ。わしの子供はくり舟がひっくり返って死んだ。本島へ渡るには、くり舟に乗るか浅瀬を歩くしかないんだ。屋慶名《やけな》までフンドシいっちょうで渡って向こうへ上がってから着替える。向こうとこっちの手前が深くなっているもんだから二里半も歩いているうちに潮が満ちて、深みにはまって死んだ人もいる。生命の問題だけじゃない、経済だって大変だ。だから島じゃ、ほとんどが自給自足。電気、水道はもちろん薪《まき》だってありやしねえんだ。野菜を作るにも売るにも原価は本島の倍かかる。鮮度はおちるんで、だんだん農業から離れて米軍の仕事に行ってしまうんだ。それだって楽じゃないよ。二重生活だからね。沖縄で家を建てるとなると、どうしてもコンクリートがいる。台風が多いからね。コンクリート、バラスを運ぶのがまた大変だ。運搬費は倍以上かかる。こんなことだから若いものは島に住み着かない。子供と老人だけだ。耐えられなくて、なんとか渡れる道を作ろうといろいろ自腹切ってやったこともあるけど台風で流されてしまった。文明なんかわしらには関係ないんだ」老人は語りながら何度もうらめしげな目を海へ向けた。

「いろんな話を聞いています。でもそれももう少しの辛抱です」

「わしら離島の者が言う離島苦の解消ということは、理屈じゃない。生きるための叫びなんだ」

「私たちも、そのことをわきまえてやっているつもりです。教育、文化、産業、つまり農業漁業に対してもできる限りのご協力させて頂きます」

「わしは企業には公害がつきものだと思っている。だが、今時の科学の粋《すい》を集めれば絶対事故は起こさないと言い切れるくらいにやれると思う。あなたたちも努力します、努力しますと言うだけではなくて、絶対に起こさないと言い切れないものですか?」

「どんなに万全の処置をほどこしたとしてもやはり絶対とは……」

石附氏は正直に答えた。

「そんなことだと問題はでかくなる。この島だって石油基地誘致となると全部が賛成ではない。いく人かは反対しているんだ」

「でも、そんな様子は感じられませんが?」

「一人一人はみんないい。集まったら大変だ。人民党の人間が入ってきて、本土の資本家の犠牲になるのかと言っているからね。宮城島にだって党員はいるんだ。離島苦解消ということについては、考え方が一つになっても企業誘致となると別だ」

老人はかなりの精度で島や与那城村全体のＣＴＳ建設に関する情勢分析をしている様子だった。石附氏は老人と話していて、自分たちが離島苦解消のために村から強い要請で一生懸命やっても、村民に対してそれがストレートに伝わらないことを知った。

「村だって全部が賛成ではない。二〇パーセント位は反対だ。このことを承知して仕事を進めてほしい。わしらは早くこの苦しみから逃れたいんだ。頼みます」

「いろいろお話し頂いてありがとうございます。それでは」

石附氏は舟つき場に向かった。老人も石附氏を見送って一緒に舟つき場まで来た。行き交う島の住民は愛想良く石附氏に会釈し、舟つき場にたむろしていた漁民も立ち上がって石附氏を見送った。小船にゆられながら石附氏は、「ここを埋め立てて陸地をつくる。それがこの島の人たちの長い苦悩の歴史に終止符を打つことになる。早く完成させたいものだ。これこそ地域開発の本当の姿だ」と思った。まわりには、ところどころに底を見せて海が広がっていた。

かつて、沖縄入りしたばかりの石附氏を埋め立て予定地に案内したことを思い出す。私は彼につぎのような夢を語った。

「このあたり一帯六六〇万坪を埋め立て、石油を積んで出入りする船の修繕ドック場にするアイディアはどうでしょう。物流の拠点にするのです。タンカーはその修繕ドックで点検、検査する。これで一つの産業が興る。まわりにはそれをサポートする電気、木工、溶接、ペイント等々零細企業が取りまく。しかも家内工業的な事業集団。それが沖縄の企業家の資質を高め沖縄の自立の道につながり、沖縄の産業は飛躍的に発展すると思います」

石附氏もこの私の夢には強い興味を示し、「CTS建設」を足がかりに、その開発案件を積極的に展開したいと考えるようになっていた。

「沖縄三菱開発」設立

産業を興すために絶対になくてはならないものは「広大な空間」「エネルギー」「水」である。その三条件を備えているのが金武《きん》湾である。現在、金武湾一帯には具志川発電所、石川発電所、金武発電所、原油、製油を貯蔵する沖縄石油基地、沖縄ターミナル、沖縄石油などが建ち並んでいるが、このように金武湾に集中したエネルギー源を活用することにより沖縄県の経済自立の道はひらけるし、その夢は必ず実現するものと当時から私は確信していた。その後も、しばらくは離島めぐりを繰り返し、ＣＴＳの説明会は続いた。

その一方で、琉球政府を訪れては提出書類の許認可を促進することも三菱開発の石附氏の仕事だった。この間、免許の件では琉球政府職員と同社社員とのあいだで毎日のようにやりとりが繰り返されていた。許認可に時間をかけていた琉球政府は、三菱開発と与那城村から事情を聴取した後、この巨大プロジェクトの事業主体が小さな与那城村であることに危惧の念を持ったようだ。その後、村長と議長は琉球政府に呼ばれ、「こんな大事業を、村自体がやることに政府としては不安を感じる。新しい会社を創り、事業主体を移管するように」と行政指導を受けた。村長は、免許を下すという条件で事業主体を変更することにし、村議会への手続きを経て申請人の名義を村から企業側へ移すことに決めた。昭和四十七年（一九七二）三月三日には三菱開発に対し、外資導入免許に準じる調整事項として、「外資導入を認める新会社設立」を村として望んでいることを「口頭」で伝えた。そしてこの事業は、

1．六四万坪の埋め立て

2．上物としてのCTSは、第一期工事二〇〇万キロリットルを許可

3．残りの容量については六ヶ月後から十二ヶ月以内に許可

4．残りは、琉球政府の計画に従ってほしい

という趣旨の話も伝えられた。

外資導入の免許は新会社設立を条件に、急速に進展。「口頭伝達」のあった翌日には、琉球政府から免許取得という異例の早さだった。免許には二つの条件が付けられていた。

1．埋め立てについては、「公有水面埋立法」に基づいて別途免許を得ること

2．CTS及びシーバース建設については、具体的に琉球政府の指導に従うこと

三菱開発は、琉球政府の指導による新会社設立を急ぎ、一ヶ月足らずのうちに「沖縄三菱開発株式会社」が設立のはこびとなった。

これにより、「与那城村」名義で申請していた「公有水面埋立免許」は「沖縄三菱開発株式会社」に変更された。昭和四十七年（一九七二）三月三十一日、会計年度末のことである。これと並行して、シーバースおよび海底管設置のための「水面占用許可」の申請名義も「三菱開発」から「沖縄三菱開発株式会社」に変更され、昭和四十七年（一九七二）四月四日に以上二つの名義変更をもって、申請人の名義はすべて沖縄三菱開発（株）に一本化され、以

後、琉球政府との折衝を担当することになった。石附氏も、この時から沖縄三菱開発株式会社に移籍し、執務にあたることになった。

すべての借金を完済する

そんなある日、同社の小西是夫社長、居村《いむら》義行氏、石附《いしづき》達郎氏が私どもに来社された。なんと「ＣＴＳプロジェクトで投入した金額を、洗いざらい全部知らせてほしい」と言うのである。青天の霹靂《へきれき》であった。一瞬うろたえた私だったが、しばらく考えたあとこう答えた。

「七千万円投資しましたが、借金のため毎日が苦悩の連続です。私のこれからの人生には一千万円あればよいと思いますので、八千万円お願いします」

なんとその翌日には、一億二千万円の金額が銀行口座に振り込まれていた。私は腰をぬかした。震える手で電話をかけて小西社長に連絡を取り、「金額に相違があります」と申し上げたところ、「八千万円に対して、五年間の利息を加算しました」との答え。私が、「八千万円とお願いしたのは利息を含んでの金額です」と申し上げると、「この大事業を三菱が直接実施していたら十億円以上は使っていたと思います。少ないけれども、三菱の気持ちとして受け取ってほしい」――。心底ありがたく、頭が下がった。さっそく、すべての借金を完済した私は、やっと長いあいだの借金苦から解放されたのだった。私は三菱のご厚意により離島苦解消ができ、みずからも借金苦から解放されて、何とも言えぬ満足感にひたることができた。

昭和四十七年（一九七二）三月三十日に沖縄で新会社設立パーティーが盛大におこなわれた。新会社は、沖縄の将来を見据えた総合的見地に立ち、その開発を考えるためにスタートすることになった。新会社の出発は、潑剌《はつらつ》たるものがあった。三菱グループの主要メンバーはもちろん、沖縄県知事はじめ沖縄政財界からも多数関係者を招き、与那城村からは村長はじめ村議会議員のほとんどが出席し、祝福してくれた。

席上、私は、沖縄三菱開発の石附氏に「後は埋め立ての許可ですね！　すぐに下りるでしょう。知事も、沖縄の将来を示唆する事業だと言っているくらいですから」とグラスを片手に話しかけると、彼は私に、「いよいよ貴方の夢が具体化しますね。おめでとうございます」と言ってくれた。感無量だった。

石附氏は、「とてつもない大事業がまさに動き始めようとしているんですね。私も、〝ウチナンチュ〃（沖縄人）として事業推進にあたろうと決意しました。よろしくお願いします」

「やあこちらこそ。これまでの苦労は無駄ではなかったですよ。私がおこなった調査資料や図面は全部、石附さんのところで買い取って頂き、本当にありがとうございました。借金も全部返済することができました。重ね重ねお礼申し上げます。本当にありがとうございました」

私はうれしさのあまり、パーティー会場内を見渡した。私にとっては、このようなパーティーが沖縄で開催され、自分の夢が何百億円もの金を動かすことになろうとは思いもよらなかった。

私は漁民を説得するために、桃原《とうばる》にたびたび屋慶名《やけな》港から、つめたく冷やしたビールを運び込んだことを思い出す。自家発電しかなく、それも夜の十時で停止するため、夜は冷蔵庫が使えないからだった。漁民とにぎやかに飲む間はよかったが私が帰った後は、「こんなに広い海がどうして埋められるだろうか」とか、ある人などは「太田は頭がおかしくなっているんじゃないか、夢みたいなことを言っている」など、面と向かっては言いづらい本音が語られることもあったようだ。

埋立事業計画が本格始動

沖縄三菱開発（株）設立を契機に、埋め立て事業計画が本格始動した。沖縄三菱開発の石《いし》附《づき》達郎氏・居村《いむら》義行氏・伊従《いより》盛宜氏ほかスタッフは、沖縄の本土復帰を前に、ぜひとも許認可を得ようと忙しい思いをしていた。すでに、昭和四十七年（一九七二）三月四日に外資導入免許を取得し、続いて琉球政府の指導による新会社設立も果たしたものの、なかなか埋め立てに関する認可は下りない。「いったい、どうなっているのですか、復帰したら申請書類が変わるんじゃないですか？　早く結論を出して下さい」。石附氏と居村氏と伊従氏は連日のように琉球政府で同じ言葉を繰り返していた。

「アメリカ統治下から日本政府に移ったらどうなるかわからんという思惑が多く、駆け込み申請書類が山をなしているんです」との返事に、「復帰は五月十五日ですよ、もう二週間もないじゃないですか」と、沖縄三菱開発のスタッフはあせりをあらわにした。石附氏はじめ沖縄三菱開発の社員は五月の連休も返上して認可の行方を見守りながらやきもきしていた。

「こんなことでは私たちも心配だ。陳情に行こうと思う。みなさんもいっしょに参加してくれませんか」と事務所を訪ねてきた誘致派の村議は苛立ちをかくそうとしなかった。

翌日、三台のバスを連ねて、宮城島の住民や与那城の村議を総動員した陳情団が琉球政府を訪れた。そのありさまは、まるで大衆運動を地でいくような光景で、弁当持参の陳情団は議会を包囲して動かない。当時の琉球政府は革新政府で、与党である革新議員などから公害問題を重視した埋め立て開発反対の圧力が強かったのだ。政府の関係局長は、ノイローゼ気味になり、反対派と賛成派の板挟みの中で悶々としていた。この中で、琉球政府の総務局長を務めていた新垣氏は、みずからが離島の平安座の出身者であり離島苦を肌で感じとっているだけに誘致に賛成だった。それだけに、一生懸命になっている村民の気持ちが充分すぎるほど理解できたのだ。だが、同時に新垣氏は琉球政府の中では革新の立場にあり、公害問題その他で反対するグループの主張も理由も理解できただけに、ハムレットのように眠れぬ夜を過ごしながら、自分が今日置かれている立場に一種の宿命的なものがあるように受けとめていたのだった。

忘れられない歴史的瞬間

昭和四十七年（一九七二）五月九日、誘致派にとっても反対派にとっても、また沖縄三菱開発・琉球政府にとっても忘れることのできない歴史的瞬間が訪れることになる。琉球政府を訪れた村議会議員の一人が新垣総務局長に対し激しく詰め寄った。

「新垣さんあなたは離島の平安座出身ですね、あなたが先頭に立って期成会を結成して、ガルフ社に海中道路を造らせた。平安座さえよくなれば、後背の宮城・伊計島はこのまま離島でかまわないと言うのですか？　それでいいのですか？　これは、保守だとか革新だとかの問題じゃない。私たち離島の者が力を合わせてやらなければならないことでしょう」

新垣氏は、建設局長から渡してもらった申請書類を前にして黙っていた。

「なぜこの書類に判が押せないのですか。知事にわしらの苦悩をわかってもらえないのですか？　ぜひこれを知事に持っていって決済をもらってきてほしい」

なかには拳を握りしめ、書類の上から激しく机を叩く議員の姿も見られた。

新垣氏は、無言のまま書類を手にすると決心したような面もちで知事室へ向かった。知事室に入った新垣氏を屋良知事は思案顔を上げて迎えた。新垣氏は口を開いた。

「知事、離島の住民はもう一歩も引きません。私を信頼して認可して下さい。私が責任を持ちます」

新垣氏はまっすぐ知事の目をにらんだまま書類を差し出した。知事は黙ってその書類を受けると机の上に広げたまま考え込み、額にしわを寄せて五分ほど沈黙したあと、ふいに思いついたように受話器を取り上げて建設局長を呼んだ。

「君は、建設局長としてＣＴＳ建設をどう考えるか？」

知事の問いに建設局長は、

「申請内容は石油精製やコンビナート計画でなく、原油貯蔵の中継基地にすると言うことですから直接的に公害の心配はないと思います」

と答えた。知事は、再び新垣総務局長に向かって問いかけた。

「島の人たちはみんな喜んでくれるね、みんな賛成なんだね」

総務局長は、

「はい、離島の人たちの幸せはこれ以外ありません。この埋め立て事業に代わるものはありません。離島苦解消はこれが決め手です」

屋良知事は決断を迫られていた。これまで与那城村から宮城島、屋慶名の一部の人を除いて口頭でも文書でも反対の意志表示はなかった。すでに地元村当局は沖縄三菱開発と覚書まで取り交わしている。村議会も全会一致でこれを承認している。漁業関係者も埋め立ての際の漁業補償にはすでに同意している。これなら何をためらう必要があるだろうか。地元住民の意志を無視した埋め立て許可ではない。村民の意志は議会制民主主義の建前から村議会の決議に基づいて判断する以外にはない。政府としては、その意志表明を無視できないのではないか。

こう考えた知事は無言のまま公印を取り上げると新垣総務局長が差し出した書類に力強く捺印した。

書類を受け取った新垣氏は急ぎ足で知事室を出ると、階段を転げるように下りて自室へ戻り、

「この通り知事から認可してもらった」

と叫ぶと高々と書類を持った手を挙げた。

総務局長室に待機していた村民代表や沖縄三菱開発の面々から誰となく万歳の声が上がった。離島住民の中にはこの瞬間、涙を流して喜ぶ者もいた。石附氏は、興奮冷めやらない局

長室で新垣氏に近づくと深々と頭を下げた。

「ご苦労さまでした。みんながこんなに喜んでいます。私もうれしくてたまりません」

新垣氏は、

「いや、こちらこそ、この瞬間を大事に今後の仕事をよろしくお願いします」

長いアメリカ統治を経て晴れて日本の沖縄県としてスタートする日は間近にせまりつつあった。


石附氏はこの瞬間を沖縄の人たちとともに迎えてそのよろこびをともにわかちあいたい気持ちでまちわびていた。一六〇九年の島津の琉球入りにより、薩摩藩統治下の琉球王国から常に圧政と貧困にあえぎ、ある時はソテツ地獄というほどに食糧がなくソテツを食べて多くの人々が死んだこともある。疲弊した沖縄をなんとかしようと沖縄振興十五ヶ年計画を立てたが、その後すぐに支那事変に突入し、計画は挫折、振興どころか沖縄人はいよいよ節約を要求され、そして太平洋戦争に入り、沖縄地上戦を迎えることになる。常に精神的にしっかりしろ、しっかりしろと尻を叩かれながら一生懸命やってきた。だが、その結果はどうか。沖縄に悪いことばかり起きているではないか。沖縄の本土に対する不信感の根源はこうした歴史的な流れの中に培われ、何ともしがたい大きな根を張ったものである。

いままた石油資源が有限であり備蓄が大事だといい、ＣＴＳを作ろうとしている。だが、沖縄の場合は他県に対して割り当てた数量と比較した場合、離島であるということから大きすぎるほどの規模の備蓄基地が作られようとしている。備蓄が必要なら何も沖縄だけに片寄って備蓄量を増やすことはない。全国的にこれを散在させてもいいのではないか、日本の沖縄県となったその瞬間から沖縄には日本全体の中で自分たちの位置や役割がどこにあるかをはっきりと見詰め始めたことも確かである。すでに米軍基地では日本全体の七五パーセントを占めるほどの比重で沖縄は日米の安全保障を支えている。今度は石油基地でいったいどれほどの比重をまかなえというのか、本土では反石油基地感情が強いから、まだそういう問題のない処女地沖縄だったら簡単に作れる。いうなれば日本の他県を追われた石油企業が沖縄県に目を付けた。反対派の中にはこうした考え方があるにちがいない。沖縄の新たな出発とともに、石附氏はみずからが今後、沖縄で開発事業を推進するにあたって一つの覚悟を決めた。

埋立認可を取得

昭和四十七年（一九七二）五月十五日、沖縄は本土に復帰。名称も、琉球政府から沖縄県へ変わった。沖縄県となってからは、さまざまな折衝活動もスムーズに進行し、七月十五日には漁業補償契約並びに附帯する覚書が与那城村漁業協同組合と勝連漁業組合と沖縄三菱開発とのあいだで締結された。続いて昭和四十七年（一九七二）七月二十日に、公有水面埋め立て実施設計認可を沖縄三菱開発が申請し、同年九月三十日に公有水面埋め立て実施設計認可（六四万四七〇三坪）を取得した。さらに、昭和四十七年（一九七二）九月一日にはシーバースおよび海底管工事に関わる詳細資料提出といったぐあいにCTS建設に関わる許認可申請業務はトントン拍子に運んだ。

沖縄三菱開発の最初の計画では埋め立てに必要な石材は宮城島から採掘して工事をやる予定で、平安座島から宮城島までの道路は埋め立てと並行して実施する計画を立てていた。だが、ちょうどこの時期、アラビア石油株式会社が宮城島に石油精製、石油備蓄基地を作るため、進出計画を立て、地域住民の同意を得るべく作業を展開中だった。その関係で沖縄三菱開発の採掘計画は駄目になってしまった。それで沖縄三菱開発としては本島から石材を搬入して仮設道路を最優先せざるを得なくなった。

また、あまり知られてないことだが、環境への影響を最小限におさえるため、三菱重工の工場内に島と海の縮尺模型を作って水を張り、特定の場所を堰き止めた場合、潮流はどう変化するかなど、徹底的な実験検証がおこなわれた。

そこで平安座区に仮設道路建設のため公有水面埋め立て申請に必要な区の同意書をお願いしに行くと、なぜ最初からその計画を告げなかったかと、公民館で私も含めて沖縄三菱開発のスタッフとともに立ったまま、二時間にわたってお叱りや苦情をあびせられた。平安座区民の気質はみんな雄弁家で言いたい放題、しかし一度理解するとこれまた全面協力という俗にいう竹を割ったようなさっぱりした区民性だ。その同意書はやっと一週間後には条件つきで頂いた。その仮設道路の公有水面占有権は国場組のはからいで申請してさっそく、許可を取ることができた。工事も急ピッチで進められ二キロあまりの距離を三億円で完成した。

感謝状を辞退

完成したことにより、監理者であるセントラルコンサルタント、国場組、太田建設に対して沖縄三菱開発から感謝状を贈呈したいということになったが、私ども太田建設の宮城栄信常務がそれを丁重に断った。何の理由があって断るのだと激論になった。宮城常務の言い分は、「これは仮設道路だから感謝状は本工事完成後に頂くのが筋だと思います」と言うと、沖縄三菱開発側は「仮設道路であっても大きな金額だ。その受取を拒否するのはけしからん」と問答になった。国場組からは「くださる物ならありがたく頂きたい」と発言があったが、結局、三社とも感謝状は頂かないことになった。その感謝状問題が発端で、沖縄三菱開発と太田建設との関係が感情的にこじれ、このプロジェクトの進捗に影響が出てしまった。

その後、両社のあいだに交渉がまったくなく、二ヶ月のあいだ息詰まるような状態が続いた。しばらくすると、沖縄三菱開発の居村氏から、「このままの状態が続くとこのプロジェクトにも支障をきたし、村にも迷惑を掛ける。いろいろ問題もあろうが、そろそろ水に流して仲直りしてもらいたい」との申し出があった。私も実はそれを待ちわびていたので心よく受け入れ、翌日、小西社長、居村氏、若林氏とともに料亭「大和」で仲直りの会合を持ち、二次会は「中の町クラブ」で酒を酌み交わした。

埋立工事着工（昭和四十七年十月十五日）

昭和四十七年（一九七二）十月十五日には平安座島、宮城島の埋め立て工事が着工の運びとなった。三菱グループの方々、与那城村当局議会関係者施工業者の面々がそろって安全祈願祭を執りおこなった。この日の起工式ではブルドーザーで初めて海に土が押し込まれた。いよいよ埋め立ての始まりで感無量だった。与那城村あげての参加で、会場は祝賀ムードに満ちあふれていた。離島住民の誰もが念願の埋め立てが現実のものとなったのだ。晴れがましいその式場の舞台で、私は与那城村総合開発の功労者として感謝状を受けた。感謝状というのは工事が終了した後に贈られるのが普通で、仮設道路の時は辞退したのだが、今回は起工式の場で贈られた。異例のことだった。それほどに村のこの事業に対する期待が大きかったのだ。この時点で、ＣＴＳ建設から完了までの計画は次のとおりであった。

1．埋め立てを昭和四十九年（一九七四）六月までの二ヶ年間で完了
2．貯蔵タンクおよびシーバース建設を昭和四十九年（一九七四）十二月までに完了

席上、ＣＴＳ説明会に常に同行して離島めぐりをして頂いた村議の新屋《にいや》盛次氏は、石附さんに近づき、肩を叩きながら「後二年ですべてが出来上がりますね……本当に楽しみだ」と語りかけた。新屋氏はすでにスタートした仮設道路の工事現場に目をやって「宮城島に、ガルフ社の進出計画があった時から〝土地を守る〟と言って頑張っている男が一人いるのです。でも、ここまで漕ぎ着ければもう大丈夫でしょう」と言った。

だが、その議員の観測は甘かったことがやがて判明する。この祝賀ムードにあふれた起工式を冷ややかに見つめる何人かの人が参加していることに私は気付かなかったのだ。

「宮城島土地を守る会」。それがまさしく新屋議員が言っていた地元農民の反対運動のリーダー首里牛善《しゅりぎゅうぜん》氏が主宰する団体であり、ＣＴＳ建設に異議を唱える小さなグループだった。

華やかな起工式が終わると、現地では建設業者を中心に埋め立て工事の共同企業体が現場に入り急ピッチで工事が進行していった。海上からは浚渫船四隻からふき出す土砂が一時間あたり三九〇〇万立方メートルを超えた。余水による周辺海面の汚濁を最小限とするため、昭和四十八年（一九七三）二、三月の両月は五〇〇〇馬力一隻にしぼって稼働させた。平安

座島側から浚渫土砂で埋めていくのだが、一週間後には良質のビーチコーラルで日々海面が陸地へと変貌していくのがわかった。

三菱開発五人衆

この時期、沖縄三菱開発のメンバーで現地に張り付いたのは石附達郎氏をはじめとして一種独特の個性を持った男たちだった。三菱商事から出向してきた藤野勝巳氏、居村義行氏、三菱開発から出向してきた山田英男氏、丸善石油から出向してきた伊従盛宣氏の五人である。五人とも石附氏と同様に沖縄にひかれて沖縄を愛し、沖縄を本土並に発展させようという熱い情熱を持った男たちだった。彼らは地域開発のひな形を作りたいという意気込みと理想に燃えていた。「なあ石附、許認可までには時間を取られたがこれから先はもう問題はないだろう。われわれ五人で力を合わせて、この事業を成しとげたら大変なことになるぜ」。藤野氏は順調に動き出した工事に気をよくしていた。「これほど理想的な開発案件はめったにないですよ。地元がこんなに喜んでいるのですからね」。山田氏は将来の展開に胸を膨らませていた。しかし、石附氏は藤野氏や山田氏のように現状を手放しで楽観することができなかった。離島めぐりを通して親しく話し合いするなかから反対する人もいると聞かされたことや、起工式の席で議員の言っていたことが胸の内にひっかかっていたからだ。

事故あいつぎ、関係者ショック

埋め立て工事が順調に進んでいた頃、平安座《へんざ》島にあるガルフ石油精製工場で事故が頻繁に起きた。工場内のパイプの破損でボヤが出たり、少量だが原油が海に流れ出したりしたのだ。さらに、これらに続いて大きな事故が発生するという事態が起こった。シーバースでタンカーから大量の原油が流出し、パイプ破損等の事故が起きたのだ。

金武湾一帯の海が油で汚染されたことは関係者に大きなショックを与えた。悪いことは重なるものでさらに附近を航行するタンカーによる廃油流出事故も発生、美しい与勝《よかつ》の白浜を黒く染めたのだ。そんな事故が続いたため誘致派の中からも石油基地に対する不安の声が上がり始めた。マスコミは汚染された状態を県民に知らせるべく浜辺に打ち上げられた廃油ボールや原油を写真に撮り、大々的にこれを報道した。本土でもにわかに環境問題に関心が高まりつつあった時期と重なる。こうした状況から、理想的に進んでいたCTS建設プロジェクトにとっても大きな不安材料となり、人間関係にもヒビが入り始めた。地元村民と企業との蜜月時代は、次第に終局の色を濃くしていった。

「ねえ石附さん、CTSは本当に大丈夫なんですか。まあ沖縄三菱開発さんがやることだから心配することはないと思うんだがね」と、こんな会話が村内でささやかれ始めた。そのたびに石附氏は「万全の策を講じておりますからまず心配はありません」。人心の離反をくいとめるため沖縄三菱開発は、村内のさまざまな施設拡充のため補償を先行していくことにした。歩道橋、街路灯、公共道路、橋などのほか、桃原地区と平安座の改善計画では船揚場というように莫大な金額を予算計上して地域への還元策に投入していった。もっとも石附氏が悩んだことは、あまりにも多い寄贈要請だった。石附氏はいちいち会社に持ち込むまでもなく、出来るか出来ないかの区別をはっきりさせ、自分自身の判断と責任で一つ一つ処理していった。

第5章

激闘！　誘致・反対派の動き

反対派の動きが激化

昭和四十八年（一九七三）に入ると、革新諸団体のあいだで次第にＣＴＳ批判の空気が高まり、その年の後半から急速に住民運動となって燃え上がった。工事の進行にともない、補償契約も追加修正されるなど、反対派の動きは激化の一途をたどった。ある時は、村役場に押しかけ議会を混乱させたり、またある時は、沖縄三菱開発の与那城事務所に押しかけて抗議したりで、村役場も沖縄三菱開発も執務がとどこおる事態が生じはじめた。これを見かねた県は与那城村長を県庁に呼び、「いったい、どういうことなんですか。あれほど喜んで受け入れたのになぜ反対運動が村内で起きるのですか」「私たちも困っているんです。一部反対派が結集して騒いでいるんです」と、中村村長は困り果てた表情で答えた。

「少なくとも村内の反対派については、村が責任を持って説得してくれなければ困ります。最大の努力を払って下さい」と、県は厳しく村長に要請したが、その後も反対運動は執拗に続いた。十月十六日に着工したシーバース建設現場では、漁民が舟で遠巻きにして、打ち込む鉄杭によって生じる濁り水まで「汚染」だと言って騒ぎ立てるありさまだった。

沖縄三菱、九人体制へ

沖縄三菱開発は、激化する反対運動に備え、業務を遅滞なく遂行するために昭和四十八年（一九七三）後半からスタッフを五人体制から九人体制へ増員し、陣容を整えた。大蔵省主計局出身の居村氏は、この案件を具体化するために三菱商事で検討・研究を重ねたいきさつがあり、それぞれが三菱グループから出向してきたメンバーだった。三菱グループにとって、沖縄三菱開発は、沖縄の将来を考えた具体的な活動にあたる実働隊のような存在と言えた。拡充されたスタッフの元で、沖縄三菱開発の動きもこれまで以上に活発になったことは言うまでもない。また三菱石油・丸善石油との共同出資による沖縄石油基地株式会社も設立され、埋め立て地に計画されているタンク建設に備えた。この頃までに石附氏は、ホテル住まいを引き払い、与那城村に近い具志川市に住居を移し、家族を呼び寄せていた。

この年の夏、夏休みに入ると同時に反対運動がにわかに高まりをみせはじめた。沖縄県職員労働組合はＣＴＳ建設中止と中城湾埋め立て反対を県に申し入れ、沖縄県高等学校教職員組合もＣＴＳ計画中止を要請、公害闘争経験者交流会を開催した。

「金武湾を守る会」が、ＣＴＳ建設で県に抗議するなど、諸団体の反対運動が表面化しはじめた。これと前後して県はＣＴＳの許容基準五〇〇万キロリットル方針の堅持を表明した。

十人委員会の誕生

沖縄海洋博の具体化で土地買占めと乱開発が予想以上に進行している折、「開発に名をかけた外の企業による郷土の文化と自然を破壊する危険性は今後ますます増大していくものと危惧するものである。われわれはこの風潮を黙視することはできない」（趣意書）として、学者、文化人による「沖縄の文化と自然を守る十人委員会」（豊平良顕座長）が昭和四十八年（一九七三）六月八日に結成された。同委員会は七月十六日、乱開発を戒める声明を発表した。その後、国や県、市町村が乱開発に対処する何らかの具体策を打ち出さず、企業による支配体制の進行を放置しているとして、九月四日「企業支配と海洋博の恐怖」と題する声明を発表、警告した。声明の中で同委員会は、沖縄海洋博覧会の成功は入場者の数、儀式の盛大さ、施設の立派さ、輸送道路の整備などで決まるものではなく、「沖縄の美しい海を主とする沖縄の自然と文化が破壊されることなく、活用されたかどうか、ということで評価されるべきである」と述べている。金武湾一帯のＣＴＳ（石油備蓄基地）新増設が金武湾を守る会の反対運動で問題化した昭和四十八年（一九七三）十月、十人委員会は「人間生存の基盤である自然環境を破壊し、心身を蝕む公害発生の元凶を作り出す」ＣＴＳ建設に反対する声明を出すとともに、海を汚染と死滅から守る手段として、沖縄全島の海岸の文化財指定を提唱した。

さらに十月十五日には「与勝の自然と生命を守る会」が結成された。村内で表だった反対行動を組織的に取りはじめたのがこの「与勝の自然と生命を守る会」だった。同会は結成と同時に、中村村長に対して、ＣＴＳ建設反対を強く表明。村長は、これに対抗してＣＴＳ誘致を重ねて県に要請した。

まもなく「与勝の自然と生命を守る会」は、すでに発足していた「金武湾を守る会」他五団体と合体し、総称を「金武湾を守る会」に統一。これに千葉県成田から来た闘争経験者の革マル派も「外人部隊」として覆面や棒などを持って加わり、反対運動の力を強めていった。この会のリーダー格はもちろん、かつて島の人と議員が「この島にも反対運動をしている男がいる」と話していた例の首里牛善氏である。

反対派、中村村長と団交

昭和四十八年（一九七三）十月十九日、ＣＴＳ建設の中止を迫って中村村長に大衆団交を求めてきた「金武湾を守る会」との団体交渉は深夜にまで及んだ。

「なんであんたたちは、本土資本家の手先にならなければならないのか」

「沖縄三菱開発から金でももらっているのか、おれたちは常に本土の犠牲になってきたじゃないか」

「これ以上犠牲になれというのか」

リーダーの首里牛善氏が口火を切った。

「何を言うか。われわれはそんな手先なんかじゃない、島民の生活をおびやかす離島苦解消を願って企業誘致を考えたまでだ」「あんただって離島の人間じゃないか」と反論すると、

「企業誘致なら、公害企業を持ち込むことはない。観光関連の事業を持ち込めばいい。県内でもそういう企業はいくらでもある」と、屋慶名出身の安里清信《あさとせいしん》氏は、とにかくＣＴＳを中

止せよと言ってきかなかった。

村長は、「あれだけの膨大な面積に、ＣＴＳ以外の何を持ってきても埋まらない。すでにあらゆる角度から充分な検討や研究が重ねられた結果でのことだ」「みんなも同じ村の人間ならわかるはず。離島苦を解消することが村民共通の念願であったはずだ」。交渉は平行線をたどり、とにかく沖縄三菱開発を追い出せ、ＣＴＳを中止しろと反対派は繰り返すばかりだった。

反対派の村民大会

引き続き十月二十四日には、村役場前庭で村内外から多数の反対派参加のもと「村民大会」がおこなわれた。狭い庭を埋め尽くした参加者は口々に村長や村議会議員に対して罵声を浴びせた。中村村長は、押しかけた反対派群衆に向かって大声で言った。「沖縄三菱開発の事業は、すでに埋め立てを八割方進行している。また、誘致した経緯から道義的にもこれを止めるわけにはいかない。ただし村が計画している他の埋め立てに関してはその計画を一切取りやめる」。決然とした中村村長の発言に参加者は一瞬たじろいだ。

村内からの参加者の多くは離島苦の解消と、経済効果の大きい今回の事業の意義を充分過ぎるほどわかっていたので、しばらくはそれ以上詰め寄ろうとはしなかった。しばらく鎮静の時間が流れた。ところがそこへ突然、「あんたたちはこの子たちの将来を奪おうとするのか、公害汚染の中で生きていけと言うのか。ただちに公害企業を追い出せ」と、婦人のかん高い声が響き渡った。婦人はそばに子供を立たせていた。この発言をきっかけに「そうだ、そうだ……お前らは大企業の手先だ。この村の自然を破壊しようとするペテン師だ。離島苦解消と言っておれば誰もが納得すると思っているんだ。だまされるな」。「生命《ヌチ》と自然を奪おうとする悪い奴らだ」と口々に反対派は大声を張り上げ、子供が泣き出した。それにつられて婦人のもらい泣きが始まると、すかさずカメラのシャッターがあちこちで切られる。まるで入念に演出されたドラマのように、群衆の中にそれぞれの役割が決められているような印象を受けた。

村長は、大衆団交よりも代表者と話したいと言ったが、彼らは代表者などいないと言ってこれを拒む。「人間の生命に関わる問題を取り上げているんだ。誰を代表に交渉することができるか。われわれ一人一人がその代表だ」。参加者はそれ以後も一人一人がバラバラに大声で叫ぶのだった。その矛先《ほこさき》は沖縄三菱開発に集中し、その事業の白紙撤回を強く要求した。村長は終始黙否を続け、これに激怒した群衆は、村長を取りかこみ、一歩も動けないような状況を作り出した。

社会問題に発展したＣＴＳ闘争

長時間の抗議に耐えかねた村長が最後は警察によって救出されて退場するといった場面まで展開された。しかし、集まった群衆はそれでもおさまらず、その直後、村当局不在のうちに反対決議がなされた。この「村民大会」以降、反対派の動きは執拗さと激しさを増していった。また別の大衆団交で教職員を主体とする反対派のリーダー新崎《あらさき》盛暉氏が、「この企業を誘致した張本人太田という人物は、ウチナンチュ（沖縄人）かナイチャー（内地の人）か」と聞く場面があり、村長は「沖縄市出身の太田建設の社長だ」と答えた。抗議団が去った後、上地《うえち》助役から電話があり、抗議団が大挙して太田建設に行くはずだから「心の準備」をしておくよう連絡があり、事務所で待機していたが、抗議団は来なかった。

ＣＴＳ誘致派の村会議員が、クルマの窓ガラスを割られたり、タイヤの空気を抜かれたりするなどのいやがらせ行為を受けた。ＣＴＳ反対派の暴虐ぶりは、目に余るものがあった。ＣＴＳ闘争は大きな政治、社会問題にまで発展した。

ＣＴＳは中部地域に立地することもあって、私は中部出身の県議会議員、小渡《おど》三郎氏、平《たい》良《ら》一男氏、中山兼順氏、また沖縄市長、桑江朝幸氏には特にその推進、県対策等を協力してもらった。平良県議は地元与勝出身でもあった。その関係で与那城村、勝連村の行政、議会とは頻繁に協議を重ねてもらい、そのエネルギッシュな行動でこの大事業の成就に協力して頂いた。地元与那城村では反対派の過激な行動はエスカレートして「ＣＴＳ反対、自衛隊反対」などの看板が林立し、見苦しい状況にあった。

深夜に県議の平良一男氏宅に催涙弾が投げ込まれる事件も起こった。平良氏はその煙で目に刺激痛をおぼえ急いで窓、戸を開けたため大事にはいたらなかった。同じように反対派による悪質な犯罪行為はいろいろな方法でおこなわれていた。しかし、平良県議には多くの支持者、協力者がおり、特に具志川市出身の照屋三郎氏、兼城賢二《かねしろけんじ》氏を主体として、青年らが身の危険を感じながら献身的に毎晩、「ＣＴＳ、自衛隊反対」と書きなぐった看板の撤去に協力していた。

屋慶名に事務所を置いていた沖縄三菱開発も何度となく反対派に襲われた。抗議というより暴力的な反対派の行為にスタッフは身の危険を感じて村内の事務所に寄りつかない状態が続いた。しかし、抗議や陳情とはっきり銘打った反対派の行動にはすべて誠実に対応した。こんな状態では業務に差し障る。実質的に事務を執りおこなえる場所を反対派の知らない場所に移さなければだめだ。那覇市内にある事務所も安心できない。宿泊先も変えなければ、とスタッフは話し合った。「いったいどうなっているんだ。これじゃまるで、われわれが勝手に土足で上がり込んで来たような受けとられ方じゃないか」。居村氏はくやしそうに言った。沖縄三菱開発のスタッフの誰もが反対派の行動がこれほどまで執拗に激しくなるとは思ってもみなかった。みんなが家族を呼び寄せ、じっくり構えて村から要請された大事業をなんとか成功させようと頑張っていたのだ。しかし、その望みは当分かなえられる状況ではなかった。

反対派四〇〇人、知事室に乱入

村役場前で村民大会を開いた「金武湾を守る会」は、それから二日後の十月二十五日、大挙して県庁に押しかけ、公開質問状を提出し、その帰途、沖縄三菱開発および沖縄石油基地（株）の那覇市内にある事務所に立ち寄り、村民大会で決議した決議文を読み上げた。公開質問状に対する知事の回答は十一月九日郵送された。しかし、「守る会」のメンバーはこれを拒否し、四〇〇人ほどが県庁を訪れ、大衆団交の席で回答せよと知事室に乱入、備品を破損するなど大あばれにあばれた。やむなく県は、これら反対行動に対し、業務威力妨害行為で警察力を導入、これを排除しなければならなかった。この直後「金武湾を守る会」に宛てた知事の回答は開封もされずに県に突き返された。さらに「守る会」は、コザ市でも抗議大会を開き、全県民の問題として取り上げる姿勢を示した。「守る会」と県との関係は悪化の一途をたどるばかりだった。

これに並行するように、沖縄三菱開発に対するいやがらせや脅迫が頻繁に起きた。私の太田建設にも青年たちがやってきて、「公害企業を持ってきやがって」と、罵声《ばせい》をあびせ、へドロをテーブルや椅子にまき散らした。沖縄三菱開発のメンバーも「なぜこんな目にあわなくちゃならないんだ。俺たちは村から地域開発のため懇願され、沖縄県を発展させるために来たのだ。悪いことをしに来たのではない」と踏み荒らされた村内の事務所を見回しながらスタッフは憤然としてつぶやいた。「われわれはよほどしっかりした信念を持たなければダメだ」「村の要請で離島苦を解消し地域発展のため、わが国にとっても重要な石油備蓄を実現するためにやっている事業だ。さらに沖縄県全体にとってもこれが地域開発だという一つのひな形を作るという気構えがあるはずだ」。

苦悩する屋良知事

息詰まるような日々が続くなかで、屋良知事は新垣出納長（前・総務局長）を呼び、「新垣君、私が判を押す時に念を押したがどうしてこのような事態に発展したのか」と詰問した。知事の言葉に新垣氏は返すすべがなかった。さらに知事は、「あの時君は、判を押してくれさえすれば後は私が責任を持つ、私を信じて下さいと言っていたが、反対運動が手の打ちようがないほどに広がり、いっこうに収まらない。村民の要望で認可したのに、八割も工事が進んだいま、撤回は困難だ」

と続けた。それに対し新垣氏は、

「村の要望で沖縄三菱開発は進出を決めたのです。村民の誰もが望んでいたことです。いまもそれは変わらないと思います。いまさら撤回などということは考えられません。協力してもらった沖縄三菱開発にも、村民にもすまない。埋め立てで道ができた場合、島民が享受する利益は有形無形に大きいのです。救急処置や物資の流通・通学など経済効果は計り知れないほど出てきます。このことは誰よりも離島民が知っています」

と言った。知事は、

「その通りだと思ったし、村の人はみんな喜んでくれると信じて認可した。申請書類に判を押すということは、簡単な事ではない。公害問題についてもわれわれの知識は乏しく、したがって何度も確認し合った。そして、議会制民主主義を尊重して印を押したのだ」

知事は腕組をすると無念そうに口唇を噛んでじっと天井をにらみつけた。

「この反対運動は断じて村民が願っているものではないと信じます。撤回は絶対にすべきではありません。そんなことをしたら議会制民主主義は否定されかねません。全県への影響も大きいと思います。そればかりか、国からどのように評価されるか県の行政としても大きなマイナスです」

と新垣出納長はきっぱりと答えた。これに対し知事は問いかけた。

「ＣＴＳ以外の立地は出来ないものだろうか」

「それは無理です。すでに沖縄三菱開発はあらゆる調査研究の末、実施に踏み切っているのですから。前提は、あくまでもＣＴＳなのです。いまここで撤回ということになると、沖縄三菱開発は黙って引き下がらないでしょう。訴訟問題も起こると思います」

屋良知事と新垣氏の打ち合わせは長時間におよび、二人とも激しい反対運動がなぜ起こったのかといった疑問を胸に残したまま話し合いを終えた。宮里松正副知事からは沖縄三菱開発に反対派に対して行政訴訟を起こしてはどうかとの打診もあった。沖縄三菱開発と沖縄石油基地株式会社の両社長は、自分たちの責務は所期の目的を達成することであり、県民を相手に訴訟する気持ちはないことを告げた。

エスカレートする対立

村民大会を契機に、反対派と賛成派の対立がさらにエスカレートした。ある時は沖縄三菱開発のスタッフを巻き込んだ暴力事件も発生、事態は最悪の様相を呈してくる。沖縄三菱開発のスタッフは脅迫されて念書を取られたり、補償問題に対する修正を迫られたりした。賛成派と反対派の対立に便乗して、補償の上積みを要求したり、騒ぎを収拾するからと言ってその対策費を要求したりする者まで現れる始末だった。

石附氏をはじめスタッフは、純然たる反対派運動なのか、タチの悪い煽動組なのか見分けるのに一苦労だった。「石附君、君は家族を呼び寄せているが問題はないのか。人質にでも取られたらどうする」。日々過激な行動をする反対派に対しては、厳重に警戒をしなければならなかった。職員の中には、何ヶ所かのホテルを転々として宿舎を変えている職員もいた。「家族にまで危害がおよぶことはないでしょう。一人一人で話すと結構みんないい人」と、石附氏の奥さんは周囲にもらしていたようだ。

「これは、本土から入り込んできた一部の分子に煽動された運動ではないか」石附氏は、昭和四十八年（一九七三）夏頃から突如燃え上がった反対運動の火の手にそんな疑惑を感じていた。

宮城島のある島人《シマンチュ》がふともらした「決して全員が全員、賛成ではない」という言葉の意味がこういう形で表れるとは考えてもみなかった。琉球政府時代の沖縄は、保守革新の違いはあっても沖縄の本質的な問題にかかわる事に関しては超党派でこれに対処していたのだ。ところが、復帰後、沖縄の各党派が本土の保守革新のそれぞれの党に系列化されると、またたくまに沖縄のことについては超党派で解決するといった結束力がなくなってしまった。その原因を米軍基地のせいにする人もいた。同じように私たちを襲ったＣＴＳ反対運動も本土の活動家や全学連によるイデオロギー闘争といった色彩が濃く見られた。東京から乗り込んできた煽動分子のリーダーの中には覆面をした東京大学医学部の助手の姿もあった。

「われわれに出て行けという前に、あの反対派の中にいる扇動者たちが出て行くべきでしょうね。沖縄の人はもっと素朴で純粋だと思います」と言った石附氏の沖縄人弁護に、社員の一人が憤然と席を立ったのを覚えている。

県議会での攻防

賛成派と反対派は、抗議行動と、それに対する巻き返しというふうに対立し、交互に競いあった。昭和四十八年（一九七三）十二月七日、県議会は本会議の冒頭で、「守る会」の陳情を賛成多数で採択。一方与那城村は離島住民一九九一名の賛成署名簿を県議会議長および知事に提出（この署名数は宮城・伊計両島のほぼ全員に相当）。「守る会」もこれに対抗して村内一部を含む県内広域で集めた六〇〇〇名の反対署名簿を提出するという具合だった。

そんななかで、屋良知事が東京公害研究所に調査依頼したマル秘扱いの公害報告書が表面化し、与党革新諸団体がこれを追及。企画部長ほか責任者の更迭を要求し、知事はいよいよ窮地に追い込まれたのだ。

問題は、県議会に持ち込まれた。昭和四十八年（一九七三）十二月十一日に開かれた議会は、知事に代表質問をおこない、これに答えて知事が次のように言明した。「金武湾地域にCTS五〇〇万キロリットルをメドとする琉球政府時代からの方針は変わらない。沖縄三菱開発の事業について県側に手続き上の問題はなく、沖縄三菱開発にも違反はない。したがって、免許取消しはできない。また、与那城村当局および同村議会が全会一致の決議で誘致した事業であると同時に議会制民主主義の立場からも、いまさら白紙撤回はできない。ＣＴＳ公害の問題は、充分な防止策で防げる。さらに、沖縄三菱開発の事業は漁港を含め地元福祉への貢献大である」

昭和四十八年（一九七三）十二月二十日「守る会」は、沖縄三菱開発の与那城事務所前に集まり、抗議集会を開いた。度重なる抗議行動に、スタッフは緊張していた。本来の業務推進より、こうした反対派の対応に忙殺されることが多いことに、スタッフの多くが苛立ちを感じていた。だが全スタッフが一致して絶対に逃げないという姿勢を堅持し、どんな反対行動にも対応していった。

十二月二十一日、与那城村議会は、「金武湾を守る会」が提出した反対請願を採決のうえ、否決。これに激高した「守る会」は、翌二十三日に村議会で請願の再審議をおこなうよう要求、その際「守る会」メンバーが議場内に乱入して議場を内側から施錠、机や椅子などでバリケードを築き、議員につかみかかるなど議場内は騒然となった。議長は閉会を宣言し、機動隊を導入、彼らを排除しなければならなかった。こうした反対派の激しい行動をみかねた自民党県連本部と与那城村議員は、十二月二十七日宮里副知事と面談。与那城村行政の混乱と地元の賛成派反対派の不穏の状況を訴え、早急に収拾するよう請願した。

暮れも押し詰まり、正月の準備をのんびりとおこなう県民とは対照的に沖縄三菱開発のスタッフはじめ村や県の関係者にとっては慌ただしい年の瀬となった。その年の後半から盛り上がったCTS問題はますます混乱の色を濃くし、そのまま昭和四十九年（一九七四）に持ち越されることになった。

沖縄三菱、反対派と団交

年明け早々の昭和四十九年（一九七四）一月七日、「金武湾を守る会」は、沖縄三菱開発の与那城事務所で会社責任者との大衆団交を要求してきた。沖縄三菱開発側はこれを受け、社長以下全スタッフが交渉に応じた。しかし、交渉の内容は過去何度となく繰り返されたものと変わらず、計画を白紙撤回して帰れというものだった。

平行線をたどる交渉は空しく、空転を続けるだけ。この日、屋良知事も公舎で与那城村革新議員団七名と会っていた。議員たちの意見は、「守る会」の要求と異なり、白紙撤回ではなく、ＣＴＳに代わるべき無公害企業を誘致してほしいということだった。反対派の中でもその主眼には微妙なずれがあった。離島の苦しみを知っている地元村民は反対派であっても必ずしも白紙撤回を主張してはいなかった。反対派の陳情請願が続くなかで、沖縄県では復帰記念の行事として昭和四十九年（一九七四）三月から着工予定の海洋博会場建設や関連公共事業の遂行に総力を上げなければならない時期にさしかかり、役所の人たちは業務に忙殺されていた。

石附氏は、離島苦解消と地域開発を目指してスタートしたＣＴＳ建設は、必ずや沖縄振興経済発展の起爆剤になると確信し、その成就をめざして仕事に取り組んでいた。

混迷する屋良知事

知事は、混乱するＣＴＳ問題を解決するために与党合同会議を開き、その席上、新垣氏は二つの提案をおこなった。

１．ＣＴＳの容量を最低限に押さえて割り当て、今後の増設はしない。公害問題については、厳しく協定書を結び、その責任は一切を沖縄三菱開発に負わせる。石油精製コンビナート設置も一切認めない。

2．CTSはあくまでも反対。外資導入認可の際のCTSの規模は、琉球政府の行政指導によるものである。したがって、沖縄県となった今日、その約束を放棄し、積極的な割り当てはしない。その代わり、CTS以外の無公害企業の誘致を要請する。

新垣氏の思い切った提案は合同会議の出席者を驚かせた。しかし、そこまで思い切った提案をしなければならないほど、反対派VS賛成派の抗争は激化していたのだ。

昭和四十九年（一九七四）一月十六日、県は、沖縄三菱開発を県庁に呼んだ。「CTSに代わる企業立地をお願い出来ないでしょうか」「何度も申し上げているようにそれは無理です」。短い会議の後、県は沖縄三菱開発に対してCTSに代わる他企業を立地するよう要請文を渡した。これを受けた沖縄三菱開発は、その日のうちに文章で回答した。「われわれは昭和四十六年（一九七一）にCTS以外の企業立地の可能性はなしと結論を出した。いまもそれに変化があるとは思えない。沖縄三菱開発・沖縄石油基地はすでに計画総事業費として五〇〇億円相当の資金を投下、債務負担に通じる諸手配を終了している。CTSに公害はない。これまでに得た免許許認可および行政指導の通り、所期の目的を達成したい」。沖縄三菱開発

許認可撤回要求を屋良知事につきつける反対派

の回答は予想した通りのものだ。

屋良知事は、昭和四十九年（一九七四）一月十七日再び合同会議を開いた。しかしその日、意志決定には至らなかった。知事の態度に激怒した「守る会」のメンバーは十八日、県庁前に座り込み行動をはじめ、緊迫した空気が庁舎の内外に充満した。

「第一案でいくべきだ！　いや第二案がいい」。知事をはさんで賛成、反対それぞれ新垣案に対して激論を繰り返し、知事は悶々とした時を過ごした。知事には、どの案を採用しても、その後の問題を解決する自信はなかった。知事の選択は、第二案だった。ただあえて第二案を選択するにはそれなりの大義名分がなければならない。仮に、大義名分があったとしても、政治的・行政的責任は免れないことを覚悟していなければならなかった。

平安座・宮城島間の埋め立て地に立地予定のCTSの問題についてはあらゆる角度から時間をかけ、慎重に検討審議されたが、県政の面ではCTS問題は昭和四十八年（一九七三）以来、反公害の住民運動が急激な高揚を見せ、広範なCTS建設阻止闘争が展開されるなかで、大きな社会問題になってきた。このCTS問題がことに深刻化したのは、沖縄三菱開発のCTS建設企業は地元の誘致によって進出し、すでにタンクの建設用地として二〇〇万平方メートルもの埋め立てを実行してしまった、ということにあった。「CTSは自然を破壊し、公害をもたらす」と「金武湾を守る会」を中心に労働組合、学者、文化人をはじめとするCTS反対の住民運動の高まり、地元与那城村内でのCTS誘致賛成派と反対両派の対立による村政の混乱という状況の中で、県議会が「金武湾を守る会」提出の「CTS建設反対」の陳情を与党多数で採択したことに、CTSを推進してきた屋良知事ら県首脳は衝撃を受けた。

決断を迫られる屋良知事

県議会の「CTS建設反対」採択に屋良知事は決断を迫られた。これに対し、行政としてどう対応すべきか？　賛否両派が激しく動くなかで具体的措置をめぐって窮地に追い込まれた。屋良知事は、昭和四十九年（一九七四）六月一日、二日の二日間、与党、革新弁護団にひき続き琉大学者グループなど第三者に意見を求めていたが、まだ腹を固めるまでにいたっていなかった。三日、再び与党運営委員会を招集して協議するが、執行部側が「行政の立場からは埋め立て竣工認可申請の却下はあり得ない」としているのに対し、与党側は「CTS反対の方針に適する処理」を主張、弁護団の中にも「埋め立て認可申請の扱いにおいてもその方法はある」とする見解が出た。「金武湾を守る会」はあくまで申請却下を要求して六月三日から三日間、県庁前広場で第三波の座り込み実力闘争に入った。一方、開会したばかりの県議会も四日から各党代表質問が始まった。緊迫した情勢の中で屋良知事がどう決断するか、屋良県政の行方を占うものとして注目された。

屋良知事の方針変更

屋良知事は、盛り上がる反対世論の中で昭和四十九年（一九七四）一月十九日、「県はCTSの立地に反対する。沖縄三菱開発への規模割り当てはおこなわない」との声明を発表、これまでの誘致政策を撤回した。屋良知事は方針変更の理由としてCTS反対の世論や全国的な反公害住民運動の高まり、高度経済成長政策への反省など周囲の変化をあげたが、この方針変更は単に政治的なものかどうか、あるいはCTS計画を具体的にどう阻止していくつもりかについては「仮定の問題についいては答えられない」として回答をさけた。

沖縄三菱開発が県の方針を受け入れず、埋め立て竣工、シーバース完成と着々と計画を進行させるなかで、いよいよ県の具体的な行政対応が迫られることになったわけだが、中村与那城村長ら賛成派が埋め立て竣工早期認可を要請しているのに対し、「金武湾を守る会」ら反対派は「認可はCTS建設につながる」として拒否するよう実力で攻勢をかけた。

県執行部は「埋め立てを認可したのは県であり、工事の完結を意味する竣工認可を拒否するわけにはいかない。申請の却下は法的にいっても行政としては困難である」とし、「CT

Ｓ反対の知事の方針については埋め立て地に県土保全条例の網をかぶせることによって企業側とさらに話し合っていける」との立場をとった。しかし革新与党側は「埋め立て竣工認可についてもＣＴＳ反対の立場からチェックしていくべきだ」とし、弁護団の中からも「その方法は可能だ」とする見解が出されていた。つまり、埋め立て認可には二十一項目の条件がつけられているが、ＣＴＳを知事が公害企業と認定した以上、この方針に従って埋め立ての認可条件も変更し、この認可条件に従わない竣工認可は却下すべきだ、というのである。だが、同見解は工事着手前ならともかく、竣工段階になって条件変更ができるのか。できたにしても訴訟になった場合の問題が大きい。

埋め立て竣工認可を拒否した場合、埋め立て地を県が引き取れという要求が出てくることは必至であり、結局、「県が一年分の財政をこれにつぎ込み、ＣＴＳ処理以外なにもやらないとの覚悟でなければ竣工認可拒否はできない」というのが県関係部長の意向であった。屋良知事はそのあたりの法的な見通しを学者グループなど第三者にただしたようだ。

沖縄県屋良知事の方針変更の発表は、沖縄三菱開発の現地スタッフはもちろん三菱グループ与那城村および誘致賛成派にとっても青天の霹靂《へきれき》だった。沖縄三菱開発のスタッフは「そんな無茶な、価値観の変化というが、それだけで、これだけの事業がストップできるのか」

と異口同音に憤慨した。沖縄三菱開発の小西社長は一点をにらみつけるように厳しい表情になった。社長は「こんなこと許されるはずがない、行政責任はどうなるんだ」と言うなり、椅子を蹴るようにして立ち上がり事務所を飛び出していった。沖縄石油基地の今東社長と会うためだった。

二社長、屋良知事と会見

沖縄三菱開発・沖縄石油基地株式会社の両社長は、昭和四十九年（一九七四）一月二十三日に知事と会見した。「われわれは事業を促進してきた当事者として、今回の決定に承服できない。もう一度考え直して頂けないでしょうか」「今回の決定に対し、企業のみなさんに大変不安と動揺を与えました。まことに申し訳なく、断腸の思いです」。屋良知事はそう言うと悲痛な表情で両社長に向かって深々と頭を下げ、話を続けた。「貴社は地元の要請を受けて沖縄の将来のために事業を決断されました。私としてもさまざまな申請を受け、これを稟《りん》議《ぎ》して認めてきました。しかし昨年、反対運動が起こり、その運動は拡大激化の一途です。

最近では全会一致で決議した与那城村でも一部反対にまわり、地元紙の報道社説もCTS反対を掲げ、各労組も反対を決めております。県議会も反対陳情を採択しました。このように激しく盛り上がった反対運動の中で、誘致方針を転換し、CTS割り当てを放棄しない限り、事態を収拾する自信はありません。県の行政も麻痺《まひ》せんばかりの状況です。CTSに反対する人たちは、公害だと言い、企業側は公害ではないと言います。これらは相反するように思われます。金武湾で、最近の沖縄ターミナルにも見られるような度重なる油の流出事故がありました。平安座島にある沖縄石油精製からの悪臭が住民を困らせる事実がありました。もちろんこれとCTSとを同列に扱うことはできませんが、最近、公害に対する感覚が敏感になってきたことを感じています。「守る会」が言う公害の議論は、私自身反論できないほどむずかしいものになっています。私は、これまでの経済成長一本から発想を転換することが必要だと考えました。私には行政の責任があります。また、企業との関係では道義的責任もあるのです。埋め立て地を何とかCTS以外に利用できないものでしょうか。重ねてお願いします」。屋良知事は、注意深く一つ一つ言葉を選びながら両社長に向かって懇願した。

「何度も申し上げている通り、あれだけの埋め立てをするのにどんな企業が適当かをあらゆる点から調査研究した上でのことです。あれだけの埋め立て規模に見合う他の企業はCT

S以外考えられません」。両社長の答えも堅かった。なんともやりきれない気持ちを抱きながら両社長は事務所へ戻ってきた。「どうでした、再考の余地は？　知事は何と言っていましたか」。待ち構えていた沖縄三菱開発のスタッフは矢継ぎ早に社長に向かって問いかけたが、社長は黙って首を横に振るだけだった。

昭和四十九年（一九七四）二月十日号『サンデー毎日』にこんな記事が載った。

――行政の信頼性という問題で、最近それを裏切る最も悪い例が沖縄に出た。去年末に出た東大経済学部の同窓会誌「経友」に、三菱開発の若い社員が「沖縄の友よ彼よ」と題して、沖縄金武湾の石油貯蔵基地建設のいきさつを書いている。これによると、村長以下村民の強い要請で、三菱開発が三年がかりで、離島の平安座《へんざ》島と宮城島の中間海面を埋め立てて、二〇〇万平方メートルの土地を造成した。ここに世界最大の石油貯蔵基地を作る計画である。「われわれが決断し、実行したものは、一言でいえば地域社会への奉仕であった。次の奉仕は何か。煤煙も廃液も出るはずのない石油備蓄基地として、心すべきは万一に備えての事故防止措置である。このためわれわれ数十名のスタッフは、日夜、全精力を傾けている」――そして記事は、次のように結ばれている。

「ところが新聞報道によると、屋良県知事はこの三菱の石油貯蔵庫建設を不許可にしたという。何という裏切り、何というひどいだまし打ちであるか。行政官庁が民間に対してこんな大ウソをつき、裏切りをやって、それで行政への信頼がどう保てるか。行政官庁が約束したことは、相手が三菱であろうが、どこかの一労務者であろうが、絶対に守らなければならない。初めこの埋立ての許可には、長い時間がかかった。

それだけ、屋良知事にとって慎重とは軽率という意味と同じなのか。また三年の間に、三菱に再考を求める機会はいくらでもあったはずである。それをやらないでいて、二四〇億円の金をかけ、工事が九五パーセント終わったこの段階で「不許可」とは、いったい何ごとか。仮に三菱が投資した二四〇億円を返してくれと裁判に訴えて勝った場合、沖縄県民がそれを支払うのか。本土の国民全部がかぶるのか。行政の裏切りによる賠償金などは、私なら一銭の負担でもご免こうむる。屋良知事と沖縄の革新派議員の私財で支払ったらいいだろう」

三年がかりの裏切り、行政への不信をどうする？

祖国復帰運動の先頭に立った屋良朝苗知事の偉大さは誰もが認めるところである。しかし、私たちは屋良知事の、「二枚舌」とまでは言いたくないが、人格の「二重構造」に翻弄され続けた。革新とか保守の問題ではない。人間としての信義の問題である。屋良知事は昔、教師をしていたことがあるが、学校で生徒に「ウソを言うな、約束を守れ」と教えたはずである。「約束を破ったら責任をとれ」とも教えたはずである。いまこれだけの大きな約束破りをするからにはそれだけの覚悟があるのだろう。屋良朝苗という一人間が責任をとって知事を辞めることなど、いかにも小さな出来事にすぎない。それより、石油貯蔵基地建設に従事した多くの若者たちの三年の青春をどうしてくれるのか。これは、償いようがない。行政への不信感。これも取り返しがつかない。

嘘つきといえば、いまは亡き角さんこと田中角栄首相が国会の施政演説で「公共料金は極力抑制する」と大見えきったその翌日、タクシー料金値上げが決まったことがある。田中首相はたった一日の裏切りで、まだ可愛げがあるというものだ。しかし、屋良知事の場合は三

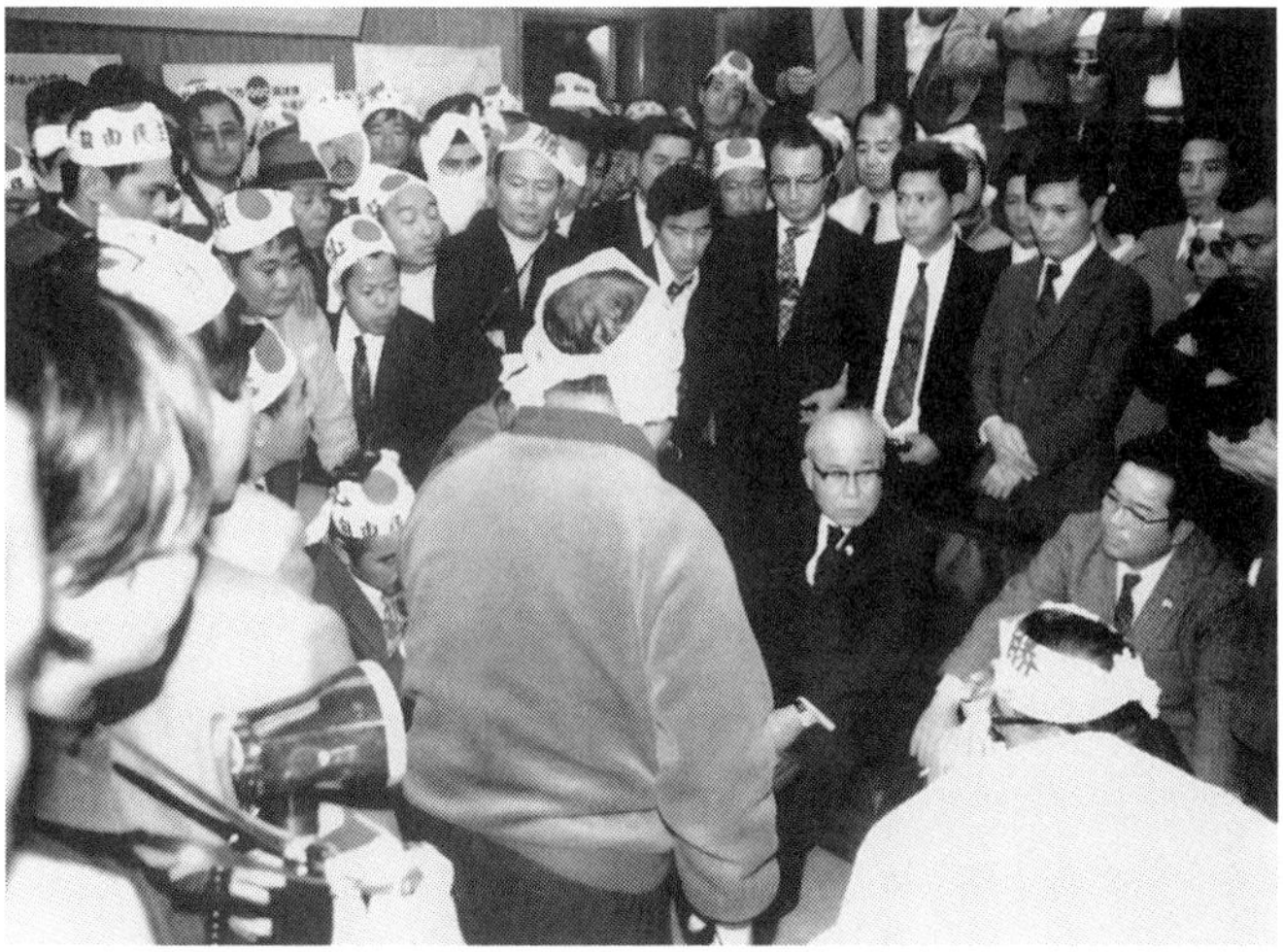

屋良知事退陣要求

「屋良知事即時退陣要求県民総決起大会」（昭和49年２月８日）

年がかりの裏切りである。政治家の宿命とはいえ、どちらの罪が深いだろうか。

屋良知事に退陣要求

昭和四十九年（一九七四）一月二十五日、金武湾での石油基地問題は国会でも取り上げられた。中曽根通産大臣は「昨今の国際情勢を考えると、石油の備蓄増強はわが国の急務である。その観点から環境保全をはかりつつ地域住民の協力を得て、金武湾の石油基地推進は積極的に進めていきたい」と演説した。

また、沖縄の自民党県連は昭和四十九年（一九七四）一月十九日の知事発表を問題とし、二月八日、自民党県連主催の「屋良知事即時退陣要求県民総決起大会」を与儀《よぎ》公園で開催。参加者約五〇〇〇人が県庁へデモ行進をおこない、その中の一〇〇人ほどが知事室へ雪崩《なだ》れ込んだ。反対派の知事室乱入に続いて今度は賛成派による二度目の乱入騒ぎである。一月十九日の知事の声明は、当然のことながら県内外各方面に一大センセーションを巻き起こしたのである。混乱を押さえようと新垣氏が提案した二案のうち第一案を選択した知事は、その思いとは裏腹に苦境に立たされることになった。県議会は与党の革新党、野党の自民党とのあいだでもつれにもつれ、何日も空転する状態となった。しかし事態が混迷を続けるなかも、工事だけは着々と進んでいった。

そのなかで、とんでもない事件が次々に起こった。反対派だけでなく賛成派のなかにもマッチポンプとでもいうのだろうか、仕事がほしいばかりにバリケードで妨害するなどしてちょっかいを出す者が出てきた。私は、屋慶名でトラック十台を保有し、運送業を営んでいた屋良氏に「全責任は私がとるから」と言って、具志川署の私服刑事を立ち会わせ、バリケードを踏みつぶして撤去させたこともあった。

工事現場では、太田建設、国場組、熊谷組、大成建設、鹿島建設、大林組が千代田化工建設の管理の下で共同企業体を組み、地元建設業が協力して工事が着々と進行していたため、現場はほとんど反対運動のターゲットにはならなかった。ただ、いくつかの賠償請求、たとえば村内を走るダンプカーがサトウキビを踏み倒したと賠償を求められたり、汚れ水が流れ込んだから補償しろという請求はしばしばあった。しかし、現場に立ちはだかるといった直接行動はなく、埋め立て工事は一件の事故もなく昭和四十九年（一九七四）五月二十日に完了した。同時に竣工認可を県へ申請した。だが、なかなか検査に来てくれず、困惑の日々が続いた。

反CTS闘争の人々

反CTS闘争をくり広げている「金武湾を守る会」は、平安座島と宮城島間の埋め立て工事完了に伴い、着工したシーバースの突貫工事を実力で阻止するため、昭和四十九年（一九七四）二月十九日から二十二日までの四日間、沖縄三菱開発の屋慶名事務所の横で反対派五十人による座り込み闘争に突入した。座り込み闘争に先立ち、同日午後六時から海中道路入口で「シーバースの建設工事を阻止しよう」とスローガンを掲げ、沖教組、県労協青年部、具志川市民協などの支援団体五〇〇人余りが参加「CTS座り込み総決起大会」（守る会主催）が開かれた。「公害企業糾弾」「県の優柔不断の姿勢追及」「CTS反対」「三菱ヤマト独占資本の暴挙を許すな」「美しい自然を子に孫にまで」を合言葉に、座り込み突入宣言文が決然と読み上げられた。

「シーバースはCTSの一部である。沖縄三菱開発はすでにタンクのパイプラインを搬入

ＣＴＳ阻止県民総決起大会（１）

ＣＴＳ阻止県民総決起大会（２）

し、タンクの基礎工事もはじまっている。高圧的な態度で工事を強行し、既成事実を積み上げることにより、ＣＴＳ反対の県民世論を押し切り、ＣＴＳ建設を強行する作戦だ。ＣＴＳを許せば先祖代々にわたって受け継いできた美しい海は汚染されて破壊し尽くされてしまう。美しい自然を子、孫に残すためにも立ち上がらなければならない。沖縄三菱開発は埋め立て工事の完了認可申請を数日中にもおこなおうとしているが、もし申請が認可されると埋め立て地は同社の所有になってしまう。これも全力を上げて阻止しよう！」

「金武湾を守る会」は、もはや住民運動の盛り上がりによってしかＣＴＳを阻止することはできないと判断、実力闘争による闘いを展開することになった。その攻撃の矛先は県に向けられた。

「県はＣＴＳ反対の態度表明をしただけで、何ら具体的対策をとっていない。ＣＴＳ問題は重大な局面にさしかかっている。県に甘い期待を寄せることはできない。反対闘争の高まりによって、実力行使して阻まなければいけない」

奥田良正光村長の誕生

賛成派反対派の対立が続くなか、与那城村長選挙が昭和四十九年（一九七四）三月二十四日におこなわれ、それまで村長を務めてきた中村氏に代わって自民党推薦でＣＴＳ賛成派の奥田良《おくだら》村長が誕生した。

奥田良新村長も就任早々、ＣＴＳ反対闘争の矢面に立たされた。村政は充分に機能せず、「金武湾を守る会」に全島から集まってくる支援団体の教職員、革新議員、過激派集団は執拗な抗議を続け、村長室まで押し入り執務を妨害するありさまだった。

奥田良村長は、離島苦を解消し農業振興をはかり、企業を誘致して地域発展、住民の福利増進をめざすのが私の責務であり奉仕であると主張していた。与那城では賛成派、反対派が激しく対立し、村民同士が二分し暴力事件なども頻繁に発生していた。村長は持ち前の柔軟な姿勢でこの闘争を収拾すべく、ひそかに屋良知事や関係者と会って努力したが、ますます激しくなる過激集団の反対運動の前には効果はなかった。

埋立竣工認可を申請

沖縄三菱開発は昭和四十九年（一九七四）五月二十日、県土木部に公有水面埋め立て竣工認可申請を提出した。竣工認可はCTS立地を目的としたもので、県は申請を受理し取扱いの検討に入った。一方、CTSに反対する「金武湾を守る会」は二十四日、県に新垣茂治副知事を訪ね、竣工認可申請を却下するよう要請した。これに対し副知事は「検討中であり現時点では回答できない」と答えた。

同月中に再び県は「守る会」と話し合うことになったが、土木部では「竣工申請は法的、技術的なものであり却下することは困難」との立場を取っており、県がどう取り扱うかが注目された。最悪の場合、住民側と県との闘争に発展することも懸念された。「金武湾を守る会」の安里《あさと》清信氏ら約五十人は新垣副知事を訪ねこうただした。

「県は一月十九日に、CTSの割り当て配分はしないとCTS反対の立場を表明している。しかし沖縄三菱開発から埋め立て竣工認可申請が県に提出されていることはご存知の通りだ。シーバース工事も七〇パーセント進んでいる。CTS反対の立場からすれば当然認可しないことになるが、行政としてはこれをどう取り扱うか」

これに対し新垣副知事は次のように答え確答をさけた。

「基本的にはＣＴＳに反対である。しかし、竣工認可申請については法的な問題もあり、土木部を中心に検討している」

守る会側は「県がＣＴＳ反対を表明した際、県民は竣工認可しないものと信じていた。竣工認可すれば住民をだましたことになる。シーバース工事もストップさせるべきだ」と迫る。新垣副知事はこれに対し、「知事を越えて私がここで態度を表明することはできない。だが住民側に立つことだけは、はっきりしている」と同じ答弁を繰り返した。守る会側は「知事がＣＴＳ反対を表明してから四十五日になる。具体的な問題で態度を決定していないのに住民側に立っているとは言えない」と食い下がった。

一方、申請を受理した土木部は設計、面積、護岸状況など現地調査をおこなって検討する考えであるとし、安里《あさと》一郎土木部長は「これまでも現地調査してきたが工事はほぼ設計認可通り進められている。本格的チェックは七月以降におこなう。竣工認可申請は法的、技術的な問題である」と不認可が法的に困難である理由を述べた。

最終段階のCTS問題

新垣副知事は昭和四十九年（一九七四）五月二十五日、屋良知事に「金武湾を守る会」の申し入れなど、大詰めを迎えたCTS問題をめぐる一週間の動きを報告している。安里土木部長からは沖縄三菱開発から公有水面埋め立ての竣工認可申請が県に出されていることが報告された。

屋良知事はこれを受け、平良清安企画調整部長、赤嶺総務部長を含む関係各部長に対し最終段階を迎えたCTS問題の対応を検討するよう指示した。

屋良知事はCTSに関し、すでに「県は立地に反対し、沖縄三菱開発に対しCTSの規模の割り当てはおこなわない」との方針を表明していたが、埋め立て竣工認可はじめ消防法に基づくタンク設置申請などの行政措置をめぐって、どこまで積極的にその方針を反映し得るか最大の焦点となっていた。

「金武湾を守る会」の安里清信氏ら代表は二十四日におこなった新垣副知事との面談で沖縄三菱開発の埋め立て竣工認可を却下するよう要請した。最終的には沖縄三菱開発がおこなった埋め立て地六四万五千坪は県が引き取るべきであり、そうでなければ認可から登記とつながって結局ＣＴＳ建設が強行される結果になるとするのが「金武湾を守る会」の見解であった。

しかし沖縄県はその財政事情もあり、まだ一度も埋め立て地買取りまで突っ込んでＣＴＳ問題を検討してはいなかった。現在まで、すでに二四〇億円の資金を投下したというのが、沖縄三菱開発側の言い分であった。これは県のほぼ一年分の税収に相当した。そのような財源など、沖縄県のどの財布を振っても出てくるわけがなかった。

そのため守る会の要請を表面的に受けとめるしかなかった。はたして公有水面埋め立て認可を却下することができるか。要件を満たせば当然認可しなければならないはずで、そこには県の裁量行為はあり得ないはずだった。ただ埋め立て認可をおこなうにしても膨大な資料をチェックするには二ヶ月の期間を要する。裁量行為の余地なしという点では、これより先に提出されている消防法に基づくタンク設置許可申請も同様だ。消防法の一定の要件をみたせば、これも許可しなければならない。しかし県は「ＣＴＳの立地に反対する」との屋良知事の方針に基づき、同申請の扱いをまだ保留しているが、埋め立て認可が処理されればいずれタンク設置許可申請に関しても消防法に基づき粛々《しゆくしゆく》と処理をしなければならないはずだった。しかし、沖縄県幹部の中には「県民の健康の立場から消防法上の用件にかかわらずCTSに反対する知事の方針を反映できるはず」との声も強かった。ただその際も沖縄三菱開発側が裁判所に行政行為不服申し立てをすれば、はたして県が勝利できるかどうかの保障はなかった。またこのほか埋め立て地への県土保全条例適用も積極的に検討すべきだとする意見も出たが、知事は最終段階になっても決定的な「決め手」がなく苦慮していた。

早期竣工認可を要請

CTSに賛成する与那城村の奥田良村長、赤嶺議長、平良《たいら》一男県議会議員等八人は、昭和四十九年（一九七四）五月三十日、県の平良企画調整部長を訪ねた。訪問の目的は沖縄三菱開発が二十日に提出した埋め立て竣工許可申請と備蓄タンクの設置許可を早急に認可してほしいと要請することだった。

「村内の対立はすべてCTSに起因している。県が沖縄三菱開発の埋め立て竣工認可申請を早急に認可することが対立問題解決を促進することになる。県は政治的立場にかたよりすぎるきらいがあるのではないか」

　これに対し平良企画調整部長は、「竣工認可申請は慎重に検討している。政治的配慮で認可申請を延ばす考えはないが、膨大な資料なので一定の期間は必要である」と、申請について県はまだ結論を出していないことを強調した。そこで平良県会議員は村長選挙の結果を持ち出した。

「新垣副知事は金武湾を守る会に対しＣＴＳ問題では住民側に立つと言っている。与那城村長選挙でＣＴＳ賛成を掲げた奥田良氏が当選している。これは住民多数がＣＴＳ誘致賛成である証明だ。ＣＴＳは物理的にはすべてに完成し是非を論ずる段階ではない。住民側に立つなら早急に埋め立て完工申請を認可すべきではないか」

　奥田良村長が最後に頭を下げた。

「村内の対立を解消するためにも一刻も早く認可をお願いしたい。県は行政上の立場を離れて政治的配慮をしすぎているような気がする。与那城村民の感情はＣＴＳをめぐって高まっており、県が時間をかければかけるほど対立は深まる」

　平良部長が答えた。

「ＣＴＳについて世論は二分しており、知事も深刻に受け止め、各方面から意見を聞いている。完工認可申請は土木部で慎重に審査したい。村長も村民を説得してほしい」

ＣＴＳ問題、撤回か認可で対立

県では昭和四十九年（一九七四）六月四日から始まる六月定例県議会の代表質問および、一般質問に向け屋良知事ら三役と平良企画調整部長が集まり連日対処策を協議した。この議会はＣＴＳ問題一点にしぼって進められるはずになっていた。

野党である自民党は代表一般質問を通じ屋良知事のＣＴＳ誘致撤回方針を追及する。同時に沖縄三菱開発から出されているＣＴＳ建設用地の埋め立て完工認可申請を認可するよう迫る構えだ。

いっぽう、ＣＴＳに反対する「金武湾を守る会」は三日から県庁構内で座り込み闘争を展開し、県に埋め立て完工認可申請の却下、シーバース工事の中止を要求。同時に議会にも傍聴動員をかけるという。

これに対抗し、最近、活発な運動を展開しているＣＴＳ賛成派も議会に向けて何らかの動きを示すことが予想された。ＣＴＳをめぐって議会内外での激しい攻防戦が展開されることが懸念されたのである。

「金武湾を守る会」は五月三十一日、県庁で平良企画調整部長と会い、延々六時間にわたってＣＴＳ問題についての県の姿勢を追及、沖縄三菱開発が進めているＣＴＳ建設のためのシーバース工事を中止させるよう要求した。しかし平良部長は埋め立て完工認可申請の取扱いをはじめＣＴＳ誘致撤回の具体的対処策について「法的にいってても行政としてむずかしい問題であり、県としての結論を出すに至っていない」と答え、明確な態度を示さなかった。また工事中止要求に対しても「県にはその権限がない」としてこれを突っぱねた。

こうした県のあやふやな態度に不信感をつのらせた「金武湾を守る会」は「県はＣＴＳ反対を表明しながらも結局、ＣＴＳを黙認するのではないか」と県庁構内での座り込み闘争を展開することを決め、六月一日、県総務部に構内使用許可申請を出した。

座り込み闘争は県庁構内にテントを張り、六月三日午後三時から五日までの三日間実施する。動員数は毎日五十人位の予定で、座り込み闘争によって県のＣＴＳ問題について優柔不断な姿勢を糾弾するとともに、埋め立て完工認可申請の却下、シーバース建設工事即時中止を迫っていく方針だった。県議会与党各派に対してもこうした運動方針が貫徹されるようバックアップを要請。四日から予定される代表一般質問にも傍聴動員をかけることが決まった。
一方、県は三日に与党との連絡会議を持ち、代表質問ならびに一般質問に臨む県の態度を煮詰めることになった。

教師五十人が授業放棄

CTS闘争は賛成派、反対派の両派対立が激しくなった結果、学校教育の現場にも大きな影響が出てきた。昭和四十九年（一九七四）五月二十九日、離島に勤務する教職員は身の危険を感じて休校する事態にまで発展した。

前日、二十八日の午後五時過ぎ、離島で勤める教師の車が帰宅途中、海中道路の平安座島の入口で賛成派の青年ら約七十人に交通妨害されたのが事の発端――。

宮城小学校、桃原《とうばる》小学校、平安座中学校へ本島から通勤している教師五十人は「これでは正常な教育ができない。身の安全が保証されない。賛成派青年らの車輌の通行妨害が続く限り休校を続ける」と、二十九日から授業をストップ、休校となった。

問題を重視した与那城教育委員会は、二十九日午前十時から離島の教師らと打開策について話し合いを始めた。

この事件には前段があった。賛成派の青年たちは、これより先の五月二十一日、二十二日の両日、「金武湾を守る会」が工事関係車両の運行を阻止したことや、全車両をいちいちチェックしたことに強い反発を示していたのである。賛成派の住民が強調するのはあくまで「離島苦解消」であった。今回の教師たちの離島への通行阻止行動に対しても、「CTS反対者は離島苦を知らない。反対するなら船で通え。海中道路を通るな」と主張していた。離島の学校に通う教師たちの大半が、「金武湾を守る会」と歩調を合わせて反対運動していた。その結果が二十九日午後、帰宅時の通行阻止行動となったのである。離島の小中学校では、教師の帰宅時間に校門近くで数人陣取って「個人的に一対一で話し合いたい。なぜ反対するのか」などと言い寄る場面も見られた。このため平安座小中学校の教員が沖教組中頭《なかがみ》支部の支援を得て、守られて帰るという事態も起こった。CTS反対派のクルマがしばしばアイスピックでパンクさせられたり、果ては家に上がり込まれ暴力を振るわれる被害も出るなど険悪化していた。

県のCTS反対表明はあるものの、現実に着々と進むCTS建設を前に、CTS建設反対の「金武湾を守る会」は実力を行使し、いっぽう建設賛成派は工事続行を掲げて反対運動に対抗する。こうした住民同士のいがみ合いの悪循環が続いた。しかも一向に静まる気配はなく、エスカレートしていった。島の狭い地域社会は分断され、親類友人の仲も悪くなるばかりだった。

学校は臨時休校

与那城村平安座島と宮城島の四つの小中学校（在席総数七九八人）は月末の五月三十一日も実質的な臨時休校となった。同村教育委員会が三十日夜、沖教職与勝連合分会に示した専用バスによる通勤の再収拾案が不発に終わったためで、二十九日から連続三日間の休校という異常な事態である。同教育委員会は「現時点でこれ以上の収拾案は出せない」とサジを投げた格好で、その後の事態の推移は県教育庁の出方にかかっていた。同村教育委員会の収拾案は「ＣＴＳ賛成派青年団らは現場教師がバス通勤すれば問題はない」との言葉をふまえて出された。それによると乗用車で通勤している約四十人の現場教師は同村屋慶名の与那城小学校に集まった後、教育委員会のバスに乗り継いで出勤し、帰宅時も専用バスを利用した。ところが、現場教師らは「収拾案はその場限りのものでしかない。教師の身の安全確保という教育行政上の本質的な問題の解決にはなり得ない」と反発。三十一日は午前八時十五分から与那城小学校で与勝連合分会と津嘉山弘《つかやまひろし》教育長と話し合いを持ち、収拾案の問題点を指摘した。

1. たとえ出勤時、帰宅時は問題ないにしても出張とか私用等。現在、おこなわれている家庭訪問の時はどうすればよいのか。
2. 出勤はそれぞれ時間差がある。また、今後どのような方法で完全な事態への正常化へ足がかりをつけるか示されていない。
3. これでは教師が要求している身の安全保障がなおざりにされている。

これに対し津嘉山弘教育長は「バス通勤はあくまでも、暫定的処置。いったん、臨時休校という異常な状態を解消し、教師が現場に戻って授業を始めるなかで具体的な問題の解決へ努力したい」と述べ「現在の教育委員会では当面の解決策としてこれ以上の案は出せない。ぜひ、授業を始めてもらいたい」と要請した。しかし、両者の主張はまったくかみ合わず、津嘉山弘教育長が「これ以上、話し合っても進展がない」と話し合いを打ち切り、その後、県の指導を仰ぐため午前十時過ぎ県教育庁に向かった。

ＣＴＳ誘致派による教師の通行阻止行動に端を発したこの事件は、三日間も与那城村離島四校が休校、社会問題に発展した。沖教組中頭支部では三十一日午後七時から与勝連合分会を開き「これ以上の教育空白は教師として、しのびがたい」との声明を発表、授業を再開することになった。

現段階で教師の身の安全は保障されないが、村教育委員の授業再開要望と教育での空白のもたらす重要性を考慮に入れ授業をおこなう。そして今後の妨害、圧力に対しては村教育委員が責任を負うべきであると津嘉山弘村教育長に通告した。

奥田良村長は、屋慶名区長問題の激化、ＣＴＳ賛成派、反対派のあいだにはさまれ、苦悩の日々を送っていた。

与那城村の離島苦を解消して人口の流出を防止し、農業振興をはかるために三菱商事に懇願して誘致したのである。それなのに埋め立てが完了間近になって、通行が可能になると同時に反対運動が起きてしまった。対立抗争の渦巻くなかで、村の要請を受けてこの事業をスタートした三菱商事も困惑していた。

ねばり強く状況の変化を待つ

埋め立て工事を完了した沖縄三菱開発は、すでに五〇〇億円を投下していた。ところが埋め立て竣工認可を申請したこの時点から事態は一挙にデッドロックに乗り上げ、まったく進展しなくなった。問題はこじれにこじれた。反対派側は、埋め立てが完了したこの時点になってもなお免許無効で訴える構えを見せていた。これを憂慮した沖縄三菱開発は知事公舎を訪ねた。「裁判に持ち込めば時間もかかるし、屋良知事を苦境に追い込むことにもなります。形の上で県と対立することにもなり、訴訟は好ましくない。できるだけ話し合いで収拾したい」「時間をかけ情勢の変化を待つしかないでしょう。その間に公害に関しては充分に練り、学識経験者の鑑定意見も提示し、将来の公害防止協定の内容に盛り込んでもらいます」「それでは埋め立て竣工認可をかなり延ばす事になるがそれでもよろしいか」「認可は早いに越した事はないがやむを得ない、この方法が県も企業も困らない唯一の道ですから」。沖縄三菱開発はこの了解を取り付けるためあらゆる根回しをしていた。

沖縄三菱側は可能な限り事を荒立てずに、原点に立ち返って話し合いを重ね、意を尽くして対応すれば、反対派の人たちにもわかってもらえるのではないかと考えていた。これまで、再三にわたって反対派の抗議行動には誠実に対応してきた沖縄三菱開発側だったが、肝心な相手側の指導的な地位にある人たちとの折衝はすべて地元に一任していた。しかし、事態がここまで進展し、CTS建設が進行しないとすれば、沖縄三菱開発側も多少時間がかかっても根本的な解決に至る道を探さなければならないと考えるようになっていた。地元の人を除いた多くの反対派の人たちの中には、すでに書いたように東京からやってきた「外人部隊」やプロの煽動家もおり、こうした人々は、そもそもの出発点とその経緯を正しく理解していなかった。そこに、度重なる抗議集会、陳情デモ、団体交渉などで必要以上に紛糾し、お互いにかみ合わないまま時間がいたずらに過ぎていたのだ。事態の推移を分析し、冷静に見直せば何らかの解決の道が開けると考えたのは、沖縄三菱開発側の精一杯の誠意でもあった。ところが、残念ながら、こうした沖縄三菱開発側の意志はもはや通じなかった。

「守る会」や革新議員は五月末日という期限付きで、県は竣工認可申請をただちに却下せよと迫ってきた。県としてもこれに応じられるはずはない。すでに海面だったところが陸地に変わり、その竣工認可待ちとなっているのだ。一月十九日の知事声明にしても、埋め立てをストップさせるものではなく、CTSに代わる企業立地を考えてほしいという要請であった。この県の態度表明が、「守る会」の意に沿ったものではなく、結論が出るまでに時間もかかったため、これに業を煮やした反対派の四十人程が突然県庁を訪れ、抗議した。

抗議団六十人、県庁廊下に座り込み

「県の煮え切らない態度には我慢ができない。知事に会わせろ。何をぐずぐずしているんだ。申請はすぐ却下しろ」。抗議団は執拗に団交を迫った。知事はこれに対して「集団では会わないことにしている」と言って公舎に引き上げてしまった。これに怒った抗議団は「十一日から県庁構内で闘争に入る」と言い残して引き上げていった。

七月十一日から二十四日までのあいだ、県庁構内での座り込み抗議が続き、県政は麻痺寸前の異常状態となった。土木部長などは五時間もの抗議団との団交で突き上げられたうえ、埋め立て調査書類を奪われ、抗議団はその書類をコピーしてマスコミに配るなど、その行動はもはや抗議とか団交と言えるものではなく、刑事上の問題にもなりかねないものだった。団交を拒否し続ける知事に対し、抗議団は六十人ほどが庁内の廊下に座り込み執務を妨害したのである。

県はやむなく警察力を導入し、これを排除しなければならなかった。緊迫した空気の中で屋良知事は、新垣茂治出納長や宮里松正副知事はじめ各部長を知事室に呼び入れた。「このままではどうにも収まりがつかない。昨日、沖縄三菱開発側と話し合ったが、沖縄三菱開発側が充分な公害防止対策を提出するまでは結論を保留にすることにした。これを発表しようと思うがどうだろうか」。誰も異議を唱えなかったので知事は午後八時に記者団に発表した。「賛否両論、対立と混乱の中ではこの問題に適切な判断を下すのは困難と思われる。したがって結論は保留する。もっと時間をかけ多くの声を聞き慎重に対処したい」

この発表を契機に、二十四日になると抗議団は座り込みのテントを撤去し退散した。これで当分のあいだは騒ぎも収束するかに思えた。

なぜ竣工認可が下りないのか

沖縄三菱開発も公害対策を再三練り直し、時間をかけて慎重に計画を再構築していった。

その一方で、反対派に対する根回し説得活動も積極的に進められていた。石附氏は、現地スタッフの中でも沖縄生活が長く、東京から連れてきた家族といっしょに暮らし、沖縄の生活にもとけこんでいた。頑固で説得に時間を要すると思われる村内反対派の対応にはその彼があたった。三菱開発から出向してきた社員も大変だった。現地の状況が充分伝わらないいま、「なぜ竣工認可が下りないのか」「何をもたもたしているのか」といった叱責を東京本社の他の部門から受けることもあった。しかし、現地でこれだけの苦しい思いをしながら頑張り続けられたのは、こうした心ない批判にもかかわらず、本件を直接担当する本社スタッフや首脳部の理解と励ましがあったからだ。焦りがちな現地社員に対し、彼らが時おり東京へ帰った際、首脳部の人たちはよくこう口にしていたという。「あせるなよ、こういう案件は急いではいかん。じっくりやって来い」。この励ましの言葉が現地社員たちの唯一の心の拠り所だった。辛抱強く、粘り強く、そしてなお沖縄の期待を裏切らないように。こうした気持ちを支えたのは上層部の沖縄に対する理解だった。

屋良知事は「今度は判を押しますから」と何度も約束するが、そのたびに約束は反故になった。今日こそと待機していた沖縄三菱開発の幹部や私はまたかと落胆し、沖縄市内の割烹「蓬萊」で朝からビールのヤケ酒を飲み続けたこともある。ともすれば崩れがちになる現地スタッフではあったが、それまでに一人の落伍者もなく激しい毎日の抗議行動に対処し、いっぽうで業務の推進を着実に果たしていた。なんとしても裁判だけは避けなければならなかった。

しかし、沖縄三菱開発や県、村の願いは空しかった。昭和四十九年（一九七四）も後半に入った九月五日、「金武湾を守る会」のメンバーのうち与那城照間地区の漁民六人は知事を相手どり、那覇地方裁判所へ平安座島・宮城島・桃原地先間の公有水面埋め立て免許無効確認を求めて提訴したのである。「ついに来るべきものが来た」という暗澹《あんたん》たる気持ちに襲われたのは、訴えられた知事だけではなかった。沖縄三菱開発のスタッフも肩すかしを食らったような気持ちだった。何のために埋め立て申請の認可引き延ばしにまで応じ、きめ細かい説得を続けてきたのか。彼らは空しい気持ちに襲われた。

九月十四日、屋良知事は、沖縄三菱開発側代表および与党を庁舎内へ別々に招き、提訴された以上、判決を待って結論を出したいと伝えた。

賛成派村議が十六名当選

あわただしい動きの中で、昭和四十九年（一九七四）九月八日、与那城村村議会議員選挙が終わった。定員二十二名のうちＣＴＳ賛成派の議員が十六名当選。心身ともに疲れ果てていた沖縄三菱開発の面々にとっては一つの喜ばしい出来事だった。ＣＴＳ誘致はまだ村民から支持されている。選挙結果はこれを証明していた。しかし、現地の実態を知らない三菱商事の東京本社では、本土の開発案件がことごとく冷却状態に入ったことも手伝い、「まだネバっているのか」とか「早く手を引かないと大怪我《けが》をする」などというような声も出始めていた。現地で苦労を重ねているスタッフにすれば到底聞き入れられない話だった。

沖縄三菱開発のスタッフにとっては苦悩の毎日で、窮迫した心理状態にまで追いつめられていた。ぎりぎりのところまで挑戦し、後は開き直るしかないという気持ちが、沖縄現地にいる多くの社員たちの心の中にあったようだ。だが、そうした態度で事にあたっている者は誰一人としていなかった。

裁判に持ち込まれた屋良知事は、四面楚歌、孤立無援の心境だった。みずから身を引き、

ＣＴＳの件は選挙で審判を下してもらおうというところまで思い詰めていたようだ。九月二十七日に与党合同会議が開かれ、埋め立て竣工認可の扱いは裁判の審議を見守り保留することが決定された。

昭和四十九年（一九七四）十月三十日、那覇地方裁判所で埋め立て免許無効の確認請求に関わる第一回公判が開かれた。続いて十二月十三日第二回公判が開かれ、被告側の県が答弁を陳述した。「埋め立て工事は竣工しており、現状ではすでに水面はなく陸地に変容している。これを原状回復することは社会的通念上不能である」。傍聴席で聞いていた石附氏と居村氏ほかのスタッフもやりきれない思いでこれを聞き入っていた。この夜、沖縄三菱開発のスタッフはそろって酒を飲んだ。石附氏もこの時は飲めない酒で酔ったのか、いつもは人なつっこいやさしい彼が大声でわめいた。居合わせた他のスタッフも同じ気持ちだった。身の危険を感じて転々と宿舎を変えたり、反対派にわからないように隠れ家のような事務所を借りて執務をしたり、「いったい何のために」と誰もが同じ気持ちだった。「でも僕はやりますよ、絶対にやる。反対派の人たちだって本当の気持ちは反対じゃないんだ。何かが、誰かが彼らの背後で煽動しているんだ」と石附氏は言い、みんなを勇気づけた。くやしさのあまり泡盛《あわもり》の入ったグラスを床に叩きつけるスタッフもいた。全員の共通認識は、「いま、ここでくじけたら何にもならない」という気持ちだった。裁判に入ったとたん、この調子だといつになるかわからないといった諦めムードが流れた。もはやこれまでということで、沖縄三菱開発も逆に損害賠償請求を申し立てて引き上げたほうがいいという話も出た。だが、現地スタッフは誰一人あきらめなかった。来る日も来る日も絶対にやり通すという強い信念をもって話し合いが続いた。

水島で「重油流失事故」発生

そんな折りも折り、スタッフにまたも背筋を冷水が走る事件が起きた。

昭和四十九年（一九七四）十二月十八日、岡山県倉敷市にある水島コンビナート三菱石油製油所で大量の重油流出事故が発生したのだ。こともあろうに、石附氏が毎日、誠心誠意、ＣＴＳおよび原油タンクの安全性を強調しながら反対派を一人一人説得してまわっている最中の事件だった。さらに悪いことに、重油流出の原因はタンクに亀裂が生じたためであると判明し、再び住民たちに地元の石油企業への不信感を抱かせることになってしまった。とりわけCTSの是非を迫られていた沖縄では、対岸の火事ではすまされないと不安と恐怖がつのり、反対運動が活発化していった。そんななか、十二月三十一日、金武湾宮城島沖合に建設中のシーバースが竣工した。

水島重油流出事故は、沖縄CTS問題に大きな波紋を投げかけた。昭和四十九年（一九七四）暮れもまたあわただしく過ぎた。昭和五十年（一九七五）の新年早々、沖縄県は水島へ視察団を派遣した。これに続き、一月十日には知事も岡山市を訪問。さらに一月十八日には沖縄県議会議員団が事故現場を視察といった具合に水島はにわかに沖縄と近くなった。視察団を水島へ送り込むなか、沖縄三菱開発は同社名義でシーバース建設工事竣工届けを一月二十一日県へ提出。県はこれを収受した。一月三十一日には埋め立て免許の無効確認請求に関わる第三回公判が開廷。その一方では相変わらず水島事故現場視察が繰り返されていた。二月四日、与那城村および同村議会議員団が水島へ重油流出事故現場を視察。視察が重なるたびに沖縄県内での不安はつのり、二月五日には沖縄県労働組合連絡協議会、沖縄県教職員組合、沖縄県中部地区労働組合主催でCTS建設阻止県民総決起大会が開催され、抗議デモがおこなわれた。事故発生を現実のものとしてとらえた抗議運動は、それまでにも増して激しくなり、これが毎日のように続いたのである。

一時沈静化する反対運動

一難去ってまた一難というほどに問題を抱えたＣＴＳ建設は、その後ほとんど進展しなくなった。埋め立て工事が終わったタンク建設予定地は雑草と木魔王《もくもおう》の木が繁茂し、所々に地肌をさらけ出していた。シーバースは錆びるにまかされ、油送管は陸地に山積、これも錆だらけという状態だった。だが不思議なことにあれだけ激しかった反対運動が一時期下火になったのだ。沖縄国際海洋博覧会の開催を間近にした昭和五十年（一九七五）七月からのことである。

第6章

CTS反対運動の終焉《しゅうえん》

県、裁判に勝訴

長く続いたＣＴＳ裁判も昭和五十年（一九七五）十月四日についに判決が下った。「埋め立てがすでに完了しているものを元の状態に復するのは不可能であり、原告の訴えにも利益が無い」。判決は県の反論を全面的に認めたことになり、勝訴だった。屋良知事は、これを受けてただちに記者会見を開き、「判決を厳しく受け止め、これまで県内各層の声に耳を傾け、ここに裁判所の判断が示されたので知事が法律上とるべき処置を早急に検討してから結論を出したい」と表明した。

この記者会見を契機に、「守る会」の抗議行動が再び活発化し始めた。十月五日、与《よ》那城《なぐすく》村《そん》で抗議大会が開かれ、十月六日からは、同会のメンバーが県庁構内でハンストを開始。このハンストは六日間続くこととなった。

屋良知事はマスコミ関係者を公舎に招いて認可発表を行った。

「この問題は、できるだけ時間をかけ、人々の意見を聞き、組織団体の抗議も受けるだけ受け、議会も揉みにもまれた。与党会議も何度も開催した。いまや裁判の結果も出た。各方面から判断して埋め立て竣工を認可せざるを得ない」。この発表に抗議団は公舎敷地に雪崩れ込み、知事に罵声を浴びせた。同じ頃、新垣副知事は心労のため出張先の東京で倒れ、病院に担ぎ込まれていた。新垣氏は、病院のベッドの上で知事の発表を知った。

知事の埋め立て工事竣工認可を得た沖縄三菱開発は、石附氏と伊従氏、技術担当者の石田氏と平島氏を残してほとんどのスタッフが東京へ引き上げていった。だがＣＴＳタンク建設は、いよいよ大詰め。東京へいったんは引き上げたスタッフも業務推進のため、その後も頻繁に沖縄を訪れることになる。埋め立て竣工認可によって、沖縄三菱開発は同埋め立て地の所有権登録をすませ、与那城村の行政区に編入。焦点は沖縄三菱開発が以前提出したＣＴＳタンク設置許可申請に対する認可へと移っていった。

許可されたＣＴＳタンク設置

昭和五十一年（一九七六）六月、その月の二十四日に任期が切れる知事は、それまでにタンク設置に対する態度を決める必要があった。沖縄三菱開発側は昭和四十九年（一九七四）

の水島事故を教訓として改正された消防法、新たな安全基準に合わせてCTSタンクの設計をやり直し、二重三重の安全性を確保して四月に改めて県へ設置許可を申請した。知事は、その申請書を前にして考え込んだ。関係法規に適合するかどうか。地元与那城村民の意思を大切にすること。これに関しては昭和四十九年（一九七四）三月の村長選と同年九月の村議選、そして昭和五十一年（一九七六）県議選の結果が示している通り誘致派が大勢を占める。与党はどうか。そして最後に自分自身の決断後の処理対応をどうするのか等々、知事はさまざまな角度から慎重に考慮を重ねた末、昭和四十八年（一九七三）以来、約三年間も混乱し紛糾したCTS（石油備蓄基地）建設について、昭和五十一年（一九七六）六月十六日最後の庁議を開き、六月二十二日、ついにタンク設置許可の断を下した。消防法、都市計画法、県土保全条例等の関係法規に適合しているとして許可を決定したのである。

これは、知事の任期切れに二日を残した屋良知事の最後の行政処理となった。許可するにあたって着工前に公害防止協定を締結することや環境保全条例、県土保全条例、森林法などに示された諸条件を満たすことなど条件が付けられた。屋良知事は許可にあたり、次のように庁議で語った。

「CTS問題に関しては、金武湾を守る会その他の団体から立地に反対する要請や公開質問状を受け真剣に検討した。しかし行政に携わる者として法令を否定するわけにもいかず、関係団体の意に応えることができないことは、まことに遺憾である。県はこれまで再三、沖縄三菱開発に対してＣＴＳ以外の業種の立地を要請したが、容れられなかった。この問題は、できるだけ全与党の統一した意見のもとで処理したかった。私の時代に起きたものであり、私が処理するのが筋である。今後は企業側に対し、地域住民の福祉向上を旨とした防災態勢を確立させ無災害の徹底、よりよき生活環境の保全に全力を尽くすよう要請した」

ＣＴＳ闘争の歴史に幕

昭和五十一年（一九七六）六月二十二日午前十一時三十分、抗議団と機動隊の二重の輪にかこまれた知事公舎で記者会見は開かれた。「沖縄三菱開発のＣＴＳタンク設置申請を許可します」——屋良知事は要点だけを短く言うと会見室を出ていった。長かったＣＴＳ闘争の歴史にこの瞬間実質的な幕が下ろされたのだ。

石附氏が命をかけ、沖縄の発展、開発に胸膨らませこのプロジェクトに関わってから五年の歳月が流れていた。三菱商事が、与那城村から要請を受けてから実に七年が過ぎていた。私がこの計画を立案し、三井不動産へ通いだして沖縄三菱開発によってこのプロジェクトが成就するまで、実に九年の歳月が経過していた。離島苦を解消し、沖縄経済発展のためにとの意気込みで飛び込んできた三菱グループの面々。賛成派、反対派を問わず何千何万の人たちが悶々とした時を過ごし、闘争に明け暮れ、疲れ、そして悩んだ。だが、ＣＴＳタンクはいまだ建設されていない。計画ではとっくに出来上がっているはずだった。

これから何年後にタンクは設置されるのか。しかし、石附氏は流れ去った時間をくやんではいなかった。それどころか、いまから始まろうとするタンク建設にはこれまでの体験を経てきた自分のような人間が必要だと考えていた。そして、太田が描いていた総合開発の夢を具体化するためには、「お前、ウチナンチュか」と沖縄の人たちから言われるようになった自分のような人間が沖縄と本土を結ぶ「コーディネーター」として必要だとも石附氏は自負していたのだ。

石附氏という立派な人物にめぐり会ってこそこのプロジェクトが成就したのだ。私は、そのことを実感し、心から感謝した。

いろいろな紆余曲折《うよきょくせつ》があり、問題もさまざまに大きく、しかも長い長い反対派との闘争が終わった。判決も下り、これから平穏な日々が訪れる。しかし、安堵の気持ちをいだきはじめた矢先、またまた問題が持ち上がったのである。

漁業組合から十二億円の補償請求

それは、与那城・勝連両漁業組合からの補償請求だった。埋め立ての際に海底から土砂を採取した跡に微粒子となって土砂が堆積する。その土砂が強風、台風のたびごとに海を汚染していると、沖縄三菱開発に対して十二億円の損害補償を要求してきたのだ。私は、賠償請求の相手は、沖縄三菱開発ではなく、施工業者が負うべきであると考え、補償請求は太田・国場ＪＶに対して行うべきだと言って、沖縄三菱開発の太田成昭氏とともに交渉にあたった。相手方は、沖縄三菱開発の責任だと言ってなかなか譲らない。これほど多額の補償金額を要求できる相手は沖縄三菱開発しかないと相手は考えていたのだ。私は、沖縄三菱開発の太田氏と共に漁業組合へ日参して説得を続けた。とうとう漁業組合も了解し、一億一千万円で決着した。

昭和五十一年（一九七六）三月六日、CTSは、第一期工事を竣工した。二重三重に安全をほどこしたコンピューター制御による二十一基のタンク（一基九万九五〇〇キロリットル全容量二〇八万九〇〇〇キロリットル）と沖縄石油基地株式会社社屋も完成した。

私はいまでもこの石油基地を訪れるたび、歴代経営者の方々の悩みを思い出さずにはいられない。

沖縄石油基地の初代社長の今東寿雄氏や沖縄三菱開発社長の小西是夫氏は、竣工認可の件で大変苦悩しておられた。屋良知事は「今度は判を押しますからハンコを持ってきて下さい」と何度も約束するが、その都度判がもらえないのですと、大変残念そうにこぼしておられた両社長の顔を忘れることができない。

沖縄石油基地株式会社の二代目社長であった露木高良社長は五〇〇万キロリットルを備蓄するタンク二十一基中、約二〇〇万キロリットルは確保されたが、残りの三〇〇万キロリットルがこれまた、認可されないことに毎日、悩んでおられた。

沖縄石油基地四代目の藤原社長は、四十三基のタンクは完成したが今度はオイルショックで原油の確保ができず、錆を防止するために海水を入れてエネルギー庁や関係官庁へ要請活動されていたことが思い出される。

石油ショックに対応

昭和四十八年（一九七三）十月六日の第四次中東戦争の勃発で、アラブ諸国は石油を戦略的武器にすることを決め、大幅な石油供給削減策を展開し始めた。アラブ諸国の、この強行措置は原油の九九・七パーセントを海外に依存、うち四三パーセントをOAPEC（アラブ石油輸出国機構）諸国から輸入している日本に深刻な石油危機と急激な生産力の低下、異常な物価騰貴など未曾有の経済危機をもたらした。石油危機に対処し経済社会の混乱を防止するため、政府は十一月十六日の閣議で「石油緊急対策要綱」を決定、基本方針で「官公庁、企業、個人あげて協力と効果的な施策が不可欠」と緊急事態を訴えた。具体的施策として広告用装飾用照明の自粛、マイカー使用の自粛、週休二日制の普及促進、深夜のテレビ放送の自粛、レジャー輸送の抑制、風俗営業、大規模店舗の営業時間短縮、給油所の休日営業の自粛、企業の石油と電力の消費を十二月末まで一〇パーセント節減することなどが盛り込まれた。石油危機は国民生活に深刻な影響を与えた。紙やガソリンなどが不足し、物価は高騰し、物資の買占め売り惜しみに加え便乗値上げまで現れて、国民は生活不安に陥った。特に県内では〝復帰インフレ〟〝海洋博インフレ〟に続く物不足と物価高に生活は苦しくなるばかりだった。石油危機に対処するための石油二法（石油需給適正化法案、国民生活安定法案）が十二月二十一日に成立、日本は自由主義経済から一転して統制経済への道を逆戻りし始めた。一方、政府は石油削減の緩和を求めるため新中東政策を協議、十二月十日三木武夫副総理を特使としてアラブ諸国に派遣した。

十二月二十五日、OAPEC石油担当会議は日本をアラブ側友好国と認め、必要な石油量を供給すると発表した。その沖縄石油基地の原油も確保でき、海水をタンクから抜き出す日が何日も続いたことが思い出される。

最終章　CTSがもたらした多種多彩な恩恵

国家備蓄への貢献と離島苦の解消

私は、桃原《とうばる》農道工事に関わったことが縁で、三菱グループと親交を深めることになった。三菱グループのご厚意とご尽力により、「国の政策」である石油備蓄基地を誘致することができた。これにより、地域住民の永年の念願であった沖縄本島と与那城村《よなぐすくそん》の離島が陸続きになった。

本プロジェクトは、宮城島、平安座島間の公有水面二万一二一四平方メートル（約六四万六〇〇〇坪）という広大な海を埋め立て、そこに巨大なタンク容量一〇万キロリットル、四十二基のタンク群を建設したものである。その後、バラスト水タンクを原油タンクへ転用、現在は原油タンク四十五基体制で国の石油備蓄政策に多大な貢献をしている。石油備蓄には、価格の高騰の抑制、緊急時に供給が途絶した場合の安定供給、パニックの予防、鎮静化など多くの重要な役割がある。国際エネルギー機関は、その加盟国が協調して備蓄を放出するなど協調的緊急時対応措置をおこなうことの重要性を各国に提起してきた。国際エネルギー機関の提起を受け、日本の石油公団は協調的緊急時対応措置対象基地として、複数の国家石油

シーバース設置工事全景

シーバース

備蓄基地に加えて民間の原油貯蔵施設を指定しているが、私たちが建設した沖縄石油基地も石油公団からその指定を受けている。

石油エネルギーのほとんどを外国からの輸入に依存する日本としては、国際情勢の激動、特に中東の宗教、多民族、領土問題などが複雑にからむ産油国からの石油の禁輸措置がとられた場合に備え、円滑な経済運営また国民生活の安定のために石油備蓄は絶対に必要となる。わが国としても石油の備蓄は安全保障上、エネルギー政策の中でも最も重要な政策と言える。

日本の石油備蓄は「民間備蓄と国家備蓄」の二本立てで行われている。民間備蓄は昭和四十七年（一九七二）行政指導により六十日備蓄増強計画として開始され、昭和五十年（一九七五）には「石油備蓄法」が公布され、九十日分の民間備蓄が義務付けられることになった。平成元年（一九八九）からは国家備蓄を増やすことになり民間備蓄義務量を軽減し、平成五年（一九九三）からは七十日分となり現在に至っている。

大型タンカー船が着桟できる港が日本本土および東南アジア地域にはすくなく、原油輸送コストを考慮した場合、大型タンカー船で多量輸送し中継基地に搬入して小中型タンカー船で本土または東アジア、東南アジアに搬出する方法がとられている。特に中国大陸は遠浅で深海での港湾の確保は困難だと思われる。金武湾にある沖縄石油基地のシーバースは水深四〇メートルもあり超大型タンカー船も着桟できる。地理的にも中国、台湾、韓国、ほか東南アジアにも近く、原油を必要とする製油所のニーズに迅速に対応できるすばらしい中継基地としての立地条件にある。

計り知れない経済効果と人命救助

離島苦が解消されたことにより、通勤、通学、建築用生コンクリート搬入による建築単価の削減、サトウキビの搬出、雇用の創出が可能になった。土地の担保力が高まり、計り知れない経済効果がもたらされた。救急患者が発生した場合も救急輸送が可能になり、人命救助にも貢献している。私は生き甲斐を覚えずにはいられない。

白い地肌、雑草、雑木、荒れ放題の広大な土地、錆びた海底敷設用の輸送パイプを山積していた埋め立て地はタンク群へ変貌し、目を見張るばかりに偉容を誇っている。

島の人たちは、陸続きになった海中道路でクルマを飛ばし、物資の流通に通勤、通学に、そして、レジャーにと走りまわっている。もはや、平安座も宮城島も離島ではない。残るは伊計島であった。

「まるで夢のようだ、クルマで風を受けながらスイスイと海を眺めながら走れるんだからね、本当にありがとう」

かつて、くり舟で渡った時、石附氏に「村には反対する人もいるんだよ」と言ってくれた老人は、離島苦解消のため、誠心誠意離島まわりをして頑張ってくれた石附氏に、「ありがとう、ありがとう」と繰り返した。

かつて、東京の三菱商事本社で萩野課長が「企業誘致は政府、村、企業が一体となって成熟するものですよ」と言った通り、ついに昭和五十七年（一九八二）に宮城島、伊計大橋が、また昭和六十年（一九八五）に本島側と藪地《やぶち》島間の藪地大橋がそれぞれ完成した。これにより、昭和四十五年（一九七〇）に完成した平安座島と本島（屋慶名）を結ぶ海中道路を入口にして、与那城村の四島すべての島が本島とつながり、与那城村民の永年の夢であり切実な願望だった離島苦は解消された。その後、海中道路は平成三年（一九九一）三月三十一日、県道に格上げされ、平成九年（一九九七）二月七日には、平安座島と浜比嘉大橋が完成し、与那城町に隣接する勝連町の浜比嘉島とも往来が可能となった。

ＣＴＳ誘致で分裂十年ぶり一本化

ＣＴＳ誘致をめぐって、賛成、反対の住民が部落をまっぷたつに割ってそれぞれの自治会を作り、十年にわたって反目し合ってきた与那城村の屋慶名区が、やっと一本化された。去る昭和五十六年（一九八一）三月の公選区長誕生に続いて、四月十八日には新区長と奥田良政光村長とのあいだで事務委託契約が交わされ、五月から新生屋慶名区自治会がスタートした。これで十年余にわたって対立し続けてきた二つの自治会が統合、二人区長に終止符が打たれた。

最後にその間の経緯をすこし詳しく解説しておこう。

屋慶名区は人口五六五九人（一一九八戸）と与那城村では最大世帯をかかえる。村役場の所在地であり、行政文化の中心、いわば〝首都〟である。同部落住民は十年前にＣＴＳ誘致をめぐって賛成、反対に分かれ、常に対立してきた。その後、区長選出問題がこじれてＣＴＳ反対派住民が別の自治会を作り、既存の自治会と対抗する形になり、屋慶名部落は完全に二つに割れた。両派の自治会はことごとく対立、部落の行事も別々におこなわれ、区費の納入をはじめ、村の委託業務も思うにまかせず、行政上、大きな支障をきたした。こうしたことから住民のあいだでは「村の中心的存在である屋慶名区が二つに割れては村の発展はありえない。なんとか一つにまとめるべきだ」との声が高まり、区出身村会議員七人が与、野党の立場を超えて「屋慶名区行政一本化促進協議会」を昭和五十三年（一九七八）に結成、両派の説得工作を始めた。この結果、昭和五十五年（一九八〇）十月に双方の区長と促進協のあいだで「昭和五十六年（一九八一）三月八日に区長特別選挙を実施、選挙で選ばれた区長のもとで自治会を一本化する」旨約束、両区長は立候補をしないことも決めた。

こうして昭和五十六年（一九八一）三月三、四日に区長選挙が告示されたが、永玉栄《ながたまえ》靖氏のほかに届け出がなく、無投票当選が決まった。その後最大の焦点は村当局と新区長の事務委託契約問題に移り、奥田良村長がどのような決断を下すかが注目されていたが、これも四月十八日に区審議委員会のもとで奥田良村長と永玉栄区長が事務委託契約を交わして、永年の対立にピリオドが打たれた。

奥田良村長は「行政にイデオロギーを持ち込むことは許されない。CTSに反対、賛成は行政の外でおこなうことであって、これをあえて、自治会内に持ち込んで二つに分かれたことが大きな混乱を生んだ。双方いずれにも言い分はあるが、今後は早く住民が一つの心になって区、村の発展に協力してほしい」と語っている。

つながった人々の心

昭和五十五年（一九八〇）三月十二日、ついに完成した備蓄タンクに原油を入れる日がきた。陸から海からの抗議デモが渦巻き、怒号が飛び交うなか、巨大なタンカー船「十和田丸」が金武湾沖に姿を現した。タグボートに誘導され、湾の中をゆっくり進み、巨大なシーバースに着桟した。その時こそ沖縄石油備蓄基地が誕生した瞬間であった。私はその感動的な光景をいまでも忘れられない。第一船入港を祝い、広い船上で関係者による盛大な歓迎式がおこなわれた。それはまた、沖縄の世論を二分した長い長いＣＴＳ反対闘争が終焉《しゅうえん》を迎える瞬間でもあった。

ＣＴＳ闘争では多くの人が、ののしりあい、傷つきあい、憎しみあった。だが、その傷も現在ではすっかり癒えたように思える。エメラルドグリーンのサンゴ礁の海に浮かぶ孤島が近代的な橋で結ばれ、離島苦が解消された。工業にとどまらず観光産業も大いに促進された。

難産の末に生まれた石油備蓄基地は、日夜、私たちの日々の生活の安定に大きな貢献をし続けている。そして、なによりもうれしいのは、私たちのプロジェクトによって、人々の心がしっかりつながったことであり、また、建設開始以来、無事故・無災害が継続され、安定操業が行なわれていることである。

あとがき

やっと一冊の本を書き上げてほっとしています。それにしても、本を書くのがこんなに大変なことだとは思ってもいませんでした。毎日、少しでも時間を見つけ、記憶をたどりながら書き続けました。「お父さん、最後までご自分で書くんですよ」と家族もはげましてくれました。

この本をまず、いまは亡き両親と妻に捧げたいと思います。両親と妻には、計り知れない心配をかけました。私の失敗の連続から毎日、借金取りに追いかけられ、寝込みを襲われたことがありました。すさまじい大声で、いますぐ払えという罵声におびえて仏壇のある部屋の蚊帳の中でひざまずいていた父と母。くやしさで、自分はほんとうに親不孝者だと自責の念にかられました。でも親というものは、どこまでもありがたいもので、借金取りが立ち去った後、自分たちの田畑を売って返済すればよいと言ってくれたのです。「人間は信用が第一だ」が口癖だった父親に申し訳ない気持ちでいっぱいでした。いまでも、当時のことを思い出すと、胸が込み上げて不覚にも涙がこぼれます。この沖縄最大のプロジェクトの成就を見届けて亡くなったことはせめてもの親孝行でした。晩年の父はバスを借り切って部落の人々を招待し、様変わりした広大な埋め立て地を満足顔で案内しておりました。とりわけ私の生まれた部落は、諸外国に移住者が多く、海外から里帰りした方々をきまって現場に案内して、記念撮影などをして楽しく過ごしておりました。ほんとうに、心から安心してくれたものと思います。

もとより、この石油備蓄基地（CTS）建設の大事業は、賛成、反対の対立抗争が渦巻くなか、三菱グループをはじめ関係者の献身的な努力により実現したものです。昭和四十九年（一九七四）五月二十日、朝八時十五分に宮城島と埋め立て地が閉め切られ、接合して一体化しました。宮城島側から沖縄三菱開発株式会社、斎藤信光常務取締役、埋め立て地側から私が、全作業員、関係者の見守るなかをゆっくり歩いて接続地点に立ち、固い握手を交わしました。その瞬間、「やった」という計り知れない喜びと感激を覚えたものでした。埋め立てにより国土を広くしてそのため沖縄の地図が塗りかわったのです。離島苦は解消され、地域経済の発展に大きく寄与し、いまなお国家的備蓄基地としての役割を果たし続けております。

この世に生まれた甲斐がありました。目標を設定して日々模索し、努力すれば夢はいつの日か必ず成就するという信念を持てました。私はこの本を、幾多の困難と障害を乗り越え、最後までこのプロジェクトをリードして頂いた三菱グループの各位に捧げ、改めて深い感謝と心からの敬意をはらうものです。

これまで、CTS反対派による闘争の記録は資料として数多く残されております。しかし、推進派によるものは皆無に等しかったのです。この歴史に残るCTS建設事業を、反対派の目からではなく、推進した立場から残すことも、推進派の中心的立場にいた一人としての責務だと考え、今回、なれない筆を執りました。

しかし、私はこれで満足しているわけではありません。沖縄県の経済自立のためにまだまだおこなうべきことは山ほどあります。たとえば、慢性的な水不足を解消するための淡水湖計画がまずあげられます。私が理想的な候補地としてかねてより注目してきたのが名護《なご》市と名《な》帰《き》仁村《じんそん》に属する屋我地島《やがじじま》と奥武島《おうじま》に囲まれた羽地内海《はねじないかい》です。

この羽地内海の淡水湖計画を推進するためには周囲の集落から流入する排水、雨水を完璧に防ぐ万全の環境対策を立てることが重要になります。私はすでに羽地内海の淡水湖計画の初歩的な可能性調査を昭和五十八年（一九八三）七月に東洋大学工業技術研究所に依頼してあります。

また、世界の食糧危機を救う穀物備蓄基地計画があります。私は日本国広しといえども水深五〇メートルの金武湾からわずか数一〇〇メートルのところにある宮城島台地ほど物流の拠点として、すばらしい立地条件が備わっている場所はないと思います。その海の深さ、台地を活用することにより、遠浅で水深の確保が困難な地域の多い中国大陸と沖縄がリンクすることができるのです。大量輸送時代を迎え、互いのよさを利用しあうことにより両国の経済発展に貢献できるものと確信しています。沖縄に穀物、飼料の備蓄、中継基地を具体化すべく、本土大手建設会社に平成二年（一九九〇）十二月に調査を依頼しました。すでに手許には可能性を秘めたシミュレーションができあがっています。

平成十五年（二〇〇三）二月三日付けの『沖縄タイムス』に論文を寄稿して提案しましたが、いま世界的ニーズになっている「航空機メンテナンス基地」と「国内外の航空貨物の物流の拠点中継基地」を日本が得意とする最先端技術を活用して併設する構想があります。これは、嘉手納《かでな》空軍基地の滑走路を民間事業のために有効活用するところがポイントで、沖縄自動車道路と連結すれば沖縄の基幹産業として無限に発展するものと思います。

さらに、現在すでに取りかかっているデジタルケーブルテレビや高速インターネット、I

P電話など、世界と沖縄を結ぶ情報通信網の建設があります。
沖縄県経済自立のためにみんなで考えましょう。柔軟な想像力と勇気さえあれば、不可能はありません。私は命ある限り沖縄のために尽くしたいと考えています。そのあとは、若い世代が立派にひきついでくれることを確信しています。

平成十六年六月

太田範雄

「ＣＴＳ建設」資料

資料A

Ⅰ　建設計画

1　未知への挑戦

三菱石油と丸善石油は、昭和四十八年（一九七三）二月十五日に沖縄CTSグループ（建設関係）を編成して原油基地の建設プロジェクトの推進にあたった。沖縄CTSグループは、設立後に沖縄石油基地株式会社建設部会と名称を変更し、さらに七月一日には各メンバーとも三菱石油・丸善石油所属のまま、沖縄石油基地社長直轄の組織に変更された。

本プロジェクトは、宮城島地先の公有水面二一二万一〇〇〇平方メートル（約六四万坪）という広大な海を埋め立て、そこに巨大なタンク群を建設し、さらに水深四〇メートルの金武湾沖合約二・七キロメートルの位置に超大型タンカー受入施設（シーバース）を安全かつ合理的・経済的に建設するという、未知への挑戦であった。

昭和四十八年（一九七三）八月二十日には原油タンクの設置許可申請をおこない、十二月一日にはシーバース建設鋼管杭打設を開始したが、昭和四十九年（一九七四）一月十九日に屋良沖縄県知事がCTSに反対する姿勢を示したことにより陸上工事の許認可が凍結された。建設計画としては、埋め立て工事とすでに認可を得ている海上工事のみを続行することになった。すなわち、シーバース本体の建設工事と船溜《ふなだま》り場建設工事である。海底配管は、当時タンク付属配管とみなされたため、タンクの許可が得られるまで、やむを得ず工事延期となった。

(1)シーバース（Sea Berth）

タンカーが着桟するシーバースは、船の着桟《ちゃくさん》エネルギーを吸収するための接岸ドルフィン、荷役作業をおこなう荷役ドルフィン、綱取りをおこなう綱取りドルフィンの三つの機能を持った主要構造物からなる。

接岸ドルフィンは船が大型化するほど着桟時の衝撃力が増大することから、これに耐え得る充分な強度を持つ垂直鋼管杭、荷役ドルフィンは揺れを防止するため垂直および斜鋼管杭、そして綱取りドルフィンは係留綱の引っ張りに耐えるように設計された斜鋼管杭を、それぞれ支持する方式を採用し、おのおの機能が発揮できるように独立型とした。

また、シーバースは中継基地としての機能を重視していたことから入港隻数も多数見込まれ、五〇万DWTと三〇万DWTのタンカーが同時に着桟できる係船構造とした。また、タンカーが安全に着桟できるよう、水中超音波式接岸速度計の設置や着桟時のエネルギーを効率よく吸収できるH型ゴム防舷材の設置等をおこなった。

こうして完成したシーバースであるが、陸上タンク建設許可の見通しが立たなかったことから長期間放置されることが予想され、シーバース本体の防蝕には特別に留意しなければならなかった。水中部分は電気防蝕を施しており問題はなかったが、上部については検討のうえ通常よりグレードが高く、厚みのある塗装を採用した。これにより、操業開始まで五年間以上放置したにもかかわらず、何ら問題はなく、今日まで当時の防蝕方法を継続して、高い防蝕機能を維持している。

(2)タンク

昭和四十八年(一九七三)八月二十日に建設許可申請を提出していたが、昭和五十一年(一九七六)一月十六日に、主に岡山県倉敷市の水島工業地域で起こった原油流出事故を背景に新技術基準暫定方針、「屋外タンク貯蔵所の規制に関する運用基準について」の通達が消防庁から出されたことから、それに基づき申請補正書を提出することとなった。

しかし、当初予定していた容量一五万キロリットルの原油タンクはこれまで県内になかった巨大なものであり、県民に不安を与えるとの理由で当時、すでに県内に設置され実績のある容量一〇万キロリットルの原油タンクに変更するよう要請された。加えて火災発生時の民家への輻射《ふくしゃ》熱影響の懸念から、桃原地区に近いタンク(TA—31)の申請を取り下げることを余儀なくされた。

結局、1期建設として金武湾側敷地に建設する九九万五〇〇〇キロリットル×21基、合計二〇八九万五〇〇〇キロリットルにつき、昭和五十一年三月三十日から四月十五日にかけ三回に分けて申請補正書を提出し、六月二十二日に許可された。

タンクには設計条件として、考えられる限りの厳しい条件を採用した。沖縄は、数多くの台風が通過する位置にあるため、設計最大瞬間風速を通常の六〇メートル／秒に対し八〇メートル／秒とし、浮屋根排水設計の前提となる降雨量一〇〇ミリメートル／時、地震については大規模地震の危険性のすくない沖縄ではあるが、あえて本土並の建築基準法の規定を採用し、落雷についてもルーフアースを通常の一本に対し、二本としている。また、消火設備については、消防法に規定されている泡消火設備の他、地元消防本部の要請により、ハロン消火設備もあわせて設置した。しかし現在はオゾン層の破壊物質であるハロン消化剤が製造中止となり、タンク開放点検の際に逐次撤去をおこなっている。

タンク鋼鈑の防蝕については、沖縄石油基地の腐蝕環境が厳しいことに鑑み、製鉄所で防蝕加工して持ち込むことにした。無機亜鉛の厚みは通常一五～二〇ミクロンであるが、耐久性を考えて三〇ミクロンとした。この三〇ミクロンという数値がその後の国家備蓄基地の基準となっている。

(3)海底配管、ケーブル敷設工事

大型タンカーの運航効率を上げるためには、荷役時間をできるだけ短くすることも一つの方策で

ある。

これに対応するため沖縄石油基地では、受入能力を一万二〇〇〇キロリットル／時、払出能力を八〇〇〇キロリットル／時として各設備の規模・能力を決定した。

ローディングアームのサイズは、直径一六～二四インチ（約四〇～六〇センチメートル）、原油配管サイズ四〇～六〇インチ（約一～一・五メートル）、出荷ポンプは払出能力八〇〇〇キロリットル／時に対応するため、四〇〇〇キロリットル／時のものを四台設置するなどすべて大型となった。

そして、沖合約二・七キロメートルのシーバースと陸上間には、五六インチ、四四インチの原油配管、三〇インチバラスト水配管、三インチ窒素ガス配管、二インチ飲料水配管を海底配管として敷設した。その際、使用した敷設船は、長さ一三九メートル、幅三〇メートル、深さ九メートル、排水トン数一七万五〇〇〇トンの大型非自航船であり、他の各種作業船十二隻とともに大敷設船団を構成し施工にあたった。

施工は、敷設船上で CO_2 半自動アーク溶接法により配管を溶接し、長管継ぎされた配管を順次送りだし、まず直線上に敷設・仮置きし、次に横移動をおこなってあらかじめ掘削済みのトレンチに設置する方法をとった。また、この海底配管の敷設にあわせて電力ケーブル二本、通信ケーブル一本を敷設したが、その後電力ケーブルの一本に損傷が発見されたことから、不良ケーブルはそのままにして、新たにケーブルを一本敷設した。

II　1期建設工事

1　1期建設工事の概要と特徴

(1)　工事概要

1期建設工事では、埋立工事、海上主体工事および陸上工事が実施された。海上主体工事については、ほぼ当初の予定通り着工し竣工できたが、陸上工事および海底配管工事については、CTS反対運動の顕在化による認可取得の遅れおよび第一次石油危機の影響で、当初の計画に比べ大幅に着工が遅れた。これにともない、操業開始も昭和四十九年（一九七四）十月の予定が昭和五十五年（一九八〇）四月となった。工期および工事内容は表の通りである。

(2)工事の特徴

シーバースの工事では工期短縮に重点をおき、荷役ドルフィンも下部工事のジャケット工法、上

工事名	期　間	内　容
埋立工事	昭和47年（1972）10月 ～ 昭和49年（1974）４月	埋立面積212万1000㎡ （約64万坪）
海上主体工事	昭和48年（1973）５月 ～ 昭和49年（1974）12月	船溜り建設 シーバース建設（30万DWT級同時着桟タイプ）
陸上工事	昭和53年（1978）１月 ～	地盤改良 ９万9500kl原油タンク×21基 ５万7800klバラスト水×３基 出荷ポンプ４台（4000kl／h） 海底配管 排水処理設備・受電設備 事務所等建物
操業開始	昭和55年（1980）４月	

〈表１〉１期工事の工期と工事内容

部工事のプレハブ工法を採用した。これは大きな構造物を工場で組み立ててから搬入し、現地でそのまま据え付けるという方法である。

シーバース附近は水深が四〇メートルもあるうえ、支持層である島尻粘土層までは海底二〇〜三〇メートルの厚さの細粒シルト（沈砂）とコーラルサンドのつぶれた砂の混合物が堆積しているため、七〇〜八〇メートルという長大な杭を打設する必要があった。また層厚約一メートルの捨て石を入れて海底面の地盤改良をおこなうとともに杭の横抵抗力を強化した。さらに、最大の杭は直径二・四メートルもあるため、杭とハンマーの相互を保護するクッションとして南洋産の樫木を採用する工夫もおこなった。

タンク建設工事においては、消防法改正にともない設置された危険物保安技術協会と技術援助契約を結び、初めて現地常駐という形で検査を依頼した。底板の溶接には自動溶接機を多用したほか、溶接線検査にはX線照射という新しい技術を導入し、工事費の節減と工期の短縮および信頼性の向上をはかった。

また、タンクの防油提は通常コンクリート製であるが、地盤改良に使用した土砂の処分を兼ね土製とし、内面は油遮断のためコンクリートを張り、外面は美観のため芝張りとした。

2　1期建設工事の経過

(1)埋め立て工事

埋め立て工法としては、両島のあいだを東と西の二本の護岸で仕切ったうえ、太平洋側の海底の土砂をポンプ船により吸い上げ、三本の排砂管を通して埋め立てた。埋め立ての順序は宮城島側、金武湾方面の西側、最終の埋め立ては平安座島寄りの東側（太平洋側）とし、余水吐け口を平安座島側東海岸（太平洋側）とした。この結果、比較的粒子の粗い良好なコーラルサンドが宮城島寄りに堆積し、平安座島寄り、特に東側に細かい粒子のシルト層が集まることになった。当初は、余水吐け口からシルトが流出し、その処理に苦労したが、それ以外は特に問題もなく順調に進捗し、昭和四十九年（一九七四）四月三十日に無事工事が完了した。

(2)海上主体工事

海上主体工事は、船溜り建設とシーバース建設からなっている。シーバース建設工事は、昭和四十八年（一九七三）十二月一日に鋼管杭打設を開始し、昭和四十九年（一九七四）十二月三十一日完了した。工事の特徴は、前述のように工期短縮に主眼をおいて最大限構造物を工場で組み立てて搬入し、海上での作業を少なくした点にあった。

(3)陸上工事

昭和五十三年（一九七八）一月二十日、陸上工事の起工式がおこなわれ、陸上設備の建設が始まった。

タンクの基礎工事としては、まず埋め立ての地盤支持力を補強するため、サンドドレーンプレロード工法を採用し地盤を改良することにした。平安座島と宮城島の中間において、支持層である島尻粘土層までの深さが旧水面から三〇メートルあり、深い所では三四メートルまでコーラルサンドおよびシルト層の中へサンドパイルを打設した。このとき、千代田化工建設株式会社が特許を有するパックドレーン工法を採用した。

これは、サンドパイルを打つだけでは何かの拍子にサンドパイルが途中で切れてドレーン（水抜き）が不十分になる恐れがあるため、ナイロンの長い網目の袋にサンドを詰めて打設する工法である。

その後、さらにプレローディングをおこなった。プレローディングはタンク一基あたり一〇万立方メートルの土砂を山積みして、圧縮により地盤を沈下安定させる工法である。このように地盤改良工事は、大量の土砂の運搬、撤去の繰り返し作業であった。

タンクの基礎工事完了にともないタンク本体の建設がおこなわれ、昭和五十五年（一九八〇）三月六日、一〇万キロリットル原油タンク二十一基、五万七〇〇〇キロリットルバラスト水タンク三基の建設が竣工し、続いて、出荷ポンプ設備、排水処理設備、受電設備および事務所等建物が順次完成していった。

なお、設計上特に検討課題となったのが、複数タンクの利用方法によりタンク配管を一系列にするか二系列にするかの問題である。タンクの位置により受払利用が少ないタンクが多い所は一系列とするなど、経済性と実用性により検討した結果、十〜二十番台に十一基は配管を二系列、三十〜四十番台の十基は配管を一系列とした。

一方、海底配管およびケーブル敷設工事は、昭和五十四年（一九七九）四月八日に工事が開始され、途中、電力ケーブルの損傷のために再敷設、台風による工事中断が何回かあったが、大規模な工事にかかわらず重大事故の発生がなく、十二月二十七日無事竣工した。

Ⅲ　2期建設工事

1　2期建設工事の概要と特徴

⑴工事概要

昭和五十五年（一九八〇）八月十九日、消防法に基づく屋外タンク貯蔵所設置申請を与勝消防衛生施設組合（現・与勝事務組合消防本部）におこない、十二月二十五日に許可を取得した。昭和五十六年（一九八一）二月九日には2期建設工事の起工式がおこなわれた。

2期建設工事は一次から三次に分割しておこなわれたが、三次工事分については、タンク容量と需給バランスからみて能力過剰になると判断されたため、九基のタンク本体建設は中止し、七基分の地盤改良工事のみの実施にとどめ、以降の工事を延期することが昭和五十七年（一九八二）四月八日に決定され現在に至っている。

なお、2期工事の工期および工事内容は表の通りであった。

工事名	期　間	内　容（主要工事）
1次工事	昭和56年（1981）2月 昭和58年（1983）3月	地盤改良 10万3000kl原油タンク×10基 【貯油能力合計311万9500kl】
2次工事	昭和56年（1981）2月 昭和58年（1983）9月	地盤改良 10万3000kl原油タンク×11基 【貯油能力合計431万9700kl】
3次工事	昭和57年（1982）4月 昭和57年（1982）8月	9基のタンク本体建設中止決定 地盤改良7基分のみ完了

〈表2〉 2期工事の工期と工事内容

(2)工事の特徴

タンク本体の建設において、1期建設工事では製鉄所でおこなう防蝕加工は鋼鈑外面のみであったが、2期建設工事では海水による水張りテストを考慮して、内面にも防蝕加工をおこなった。また底板の内面防蝕は、1期建設工事ではアニュラー(輪状)板のみのコーティングであったが、2期建設工事では底部内面全面にコーティングを施した。そのため2期建設タンクは、側板内面、屋根板裏面、底部内面の防蝕機能が優れており、現在においても、1期建設タンクに比較し良好な状態を維持している。

配管系列数については、1期建設同様タンクの位置により受払利用が少ないタンクが多い所は配管を一系列とするなど、経済性と実用性を検討し、五十～六十番台、七十二、七十三、八十二、八十三は配管を二系列、残りの七十～八十番台は配管を一系列としている。

Ⅳ　新設と改造

1　バラスト水タンクの原油タンクへの変更

原油を積載していない空船状態のタンカーは安定が悪いので、船体を安定させるために海水（バラスト水）を張り込む必要がある。

したがって、出荷のため用船した空船のタンカーが着桟した際には、原油ハッチに張り込んでいたバラスト水を荷役前に排出することになる。このバラスト水は油分を含んでおり、直接海へ放流することができないことから、いったんバラスト水タンクに受け入れた後、排水処理設備で処理し放流または再びタンカーへ供給することにした。

バラスト水を受け入れる専用のタンクは三基あり、昭和五十五年（一九八〇）～平成元年（一九八九）のあいだ、バラスト水受払隻数一八四隻、受払量四二八万一〇〇〇キロリットルであった。

昭和四十八年（一九七三）海洋汚染防止のための国際条約発効時に定められた規制内容に加え、

昭和五十三年（一九七八）以降の新造船に対しては、原油を積み込むハッチとバラスト水を積み込むハッチを分ける分離バラスト方式（ＳＢＴ“Segregated Ballast Tank”）ならびに原油洗浄方式（ＣＯＷ“Crude Oil Washing”）などの措置が義務づけられた。

この結果、沖縄石油基地に入港するタンカーもＳＢＴ船が多くなるにしたがって、未対策船の入港船が減り、バラスト水タンクとその付属設備の排水処理設備の稼働率が低下してきた。さらに近い将来ＳＢＴ船のみの入港となり、当基地でバラスト水の処理をする必要がなくなることが予想された。このような状況下において、バラスト水タンク三基を原油タンクとして有効活用することが、次ページ記述の工期および工事内容で取り決められた。

その結果、原油タンクは合計で四十五基となり、四四九万三〇〇〇キロリットルの能力を保有することになった。

2　ＴＯＳ設備の導入

当初設置した操業用コンピューターの老朽化にともない、コンピューター集中制御システムとしてＴＯＳ（Total Operation System）設備を平成六年（一九九四）に導入した。これにより従来のパネル計器オペレーションに代わり、コンピューター画面（ＣＲＴ）操作によるオペレーションが可

工事名	期　間	内　容（主要工事）
危険物保安技術協会技術援助	平成元年（1989）10月	タンク本体、基礎地盤の調査
タンク工事	平成2年（1990）6月～9月	タンクミキサー、非常用排水設備等付属品の取付け
原油配管工事	平成2年（1990）5月～10月	旧バラスト水配管、ポンプ撤去 既設60インチ原油配管との接続 新規原油配管敷設
土木工事	平成2年（1990）3月～9月	既設防油提開口、進入路設置 配管用基礎設置 道路横断部埋設管用掘削および埋め戻し
電気・計装工事	平成2年（1990）7月～9月	ケーブル敷設、液面計改造 計器室パネル改造

能となり、より安全に、より効率良く操業できるようになった。

3　排水処理設備の再設置

バラスト水タンクの原油タンクの転用にともない、既設排水処理設備は撤去し、平成七年（一九九五）に規模を大幅に縮小した排水処理設備を設置した。その際、処理能力が従来の一〇〇〇立方メートル／時から五立方メートル／時へと大幅に変更となったため、既設の設備は一部転用したもののの、そのほとんどを解体撤去した。

資料B

Ⅰ　操業開始

1　沖縄事業所の組織新設

昭和五十四年（一九七九）七月一日、来るべき操業開始に備え、これまで建設本部組織に加えて沖縄事業所が新設されることになり、所長一名（出向者）、副所長一名（出向者）、通関課三名（出向者二名・地元採用者一名）、操油課三十四名（出向者二十四名・地元採用者十名）、工務課二名（出向者二名・地元採用者なし）、環境管理課四名（出向者三名・地元採用者一名）、安全課六名（出向者六名・地元採用者なし）が配置された。

また、昭和五十五年（一九八〇）二月十五日にはバースマスター（荷役作業責任者）およびターミナルオフィサー（桟橋作業責任者）が配置され、この時期、最多の従業員一一四名（出向者九十七名、地元採用者二十三名、アルバイト四名）を擁していた。

2　第一船入港と中継基地利用の開始

シーバース建設工事および原油タンク1期建設工事を終えた沖縄石油基地に、待ち望んだタンカーが入港したのは、昭和五十五年（一九八〇）三月十二日のことである。

反対運動による工事中断など紆余曲折を経て迎えた第一船の受入計画は、陸・海ともに反対派による入港阻止行動があるという情報の下で、X日、X船と名付け、日時も船名もぎりぎりまで公表せず、ひそかに取り進められた。「この海を汚すな」「反対派、海と陸で抗議デモ」「タンカーは出ていけ」などの見出しが新聞に掲載された入港当日の明け方、いよいよ入港第一船「十和田丸（二二万七〇〇〇DWT）」が金武湾沖に巨大な姿を現し、タグボートをしたがえて慎重に操船、午前十時、第一栈橋に無事着桟した。

第一船の入港を祝い船上で関係者による歓迎式が開かれ、船長および機関長に記念品と花束が贈呈された。

その後、船側の荷揚げ態勢が整った同日十二時過ぎ、TA―16へ原油約六万八〇〇〇キロリットルの入荷作業が慎重に開始された。この頃から静かな宮城島周辺が、反対派の抗議デモによって陸も海も騒然とする場面もあったが、翌朝四時過ぎには無事に入荷作業を終えることができた。

このように大型タンカーで荷揚げされた原油は、中型または小型のタンカーに積み込まれて本土製油所へ転送することとなる。

四月十三日には、初めて第二桟橋へ着桟した払出第一船「りやど丸（四万五〇〇〇DWT）」に原油を積み込んで本土製油所に転送し、沖縄石油基地設立目的の一つである中継基地としての利用が開始された。

3　原油受入に際しての安全対策

(1)原油受入の準備

原油を空の配管の中を移動させる場合や空のタンクへ流入させる場合、金属との摩擦により静電気が発生し、原油ガスに着火・爆発する危険性があるため、静電気発生の抑制および爆発防止のため、配管および受入予定のTA―16へあらかじめ海水を張り込んだ。

また、配管に付属している各小径バルブなどについても慎重に閉止の確認がおこなわれ、漏洩防止などの安全対策がおこなわれた。

(2)原油受入中の監視体制

沖縄石油基地への原油受入が初めてとなるため、シーバースでは、各ドルフィンに人員を配置し、「十和田丸」からの受入作業はＴＡ―16へ原油が入るまで底琉量がおこなわれ、また、受入作業が終了するまで使用配管、ＴＡ―16のトップガーダーやタンク下まわりにも人員を配置して監視体制を強化し、万全の態勢でおこなわれた。安全操業は大きな使命であり、受入作業が無事終了し、「十和田丸」がシーバースを離れた瞬間、ほっと胸をなで下ろした。

II　中継利用から備蓄主体へ

1　民間備蓄と国家備蓄

(1)石油備蓄の必要性

昭和四十二年（一九六七）、第三次中東戦争が勃発し、アラブ産油国がヨーロッパに対して石油の禁輸措置をとったため石油需給は逼迫した。それを契機として、自国の安全保障の観点から、世界各国が石油備蓄の必要性を考慮するようになった。

わが国にとっても、石油は一次エネルギーの五〇パーセント以上を占めており、そのほとんどを海外からの輸入に頼っている。

したがって国際情勢の激動などの緊急時に備え、石油の安定供給対策を日頃から講じておくことが、経済の円滑な運営および国民生活の安定に必要不可欠である。このため、石油の備蓄は、国の安全保障という観点から、わが国のエネルギー政策の中でも重要な政策の一つとなっている。

(2)石油備蓄の体系

わが国の石油備蓄は、民間石油企業などにより実施される「民間備蓄」と石油公団により実施される「国家備蓄」の二本立てでおこなわれている。

民間備蓄は、昭和四十七年（一九七二）、行政指導により六十日備蓄強化計画として開始され、昭和五十年（一九七五）十二月には「石油備蓄法」が公布されて昭和五十一年（一九七六）四月の施行により、九十日分の民間備蓄が法的に義務付けられることになった。平成元年（一九八九）からは、国家備蓄の積み増し状況を踏まえ、民間備蓄義務量を段階的に軽減する方向に施策が転換され、平成五年（一九九三）以降は七十日分となり、現在に至っている。

いっぽう、国家備蓄は、わが国の石油輸入依存度が欧米に比べ著しく高いことから九十日分を越える備蓄が必要であり、その場合、民間石油企業にこれ以上の負担を課すべきではなく、国家備蓄とすべきであるとの考え方のもとに、昭和五十三年（一九七八）から石油公団による国家備蓄を開始することが決定され、各地に国家備蓄基地を建設することとなった。

石油公団では、昭和六十三年（一九八八）度末までに三〇〇〇万キロリットルの原油備蓄を目標としたが、国家備蓄基地が完成するまでのあいだ、国家備蓄は昭和五十三年（一九七八）十月から大型タンカーによる洋上備蓄、さらに昭和五十六年（一九八一）からは民間タンク借り上げによる備蓄を暫定措置として開始した。その後、昭和五十八年（一九八三）から平成八年（一九九六）までに国家備蓄基地が順次完成していくにしたがい、タンカーによる洋上備蓄および民間タンク借り上げによる備蓄は国家備蓄基地へ移されていった。

昭和六十三年（一九八八）度には、当初目標の三〇〇〇万キロリットルを達成し、さらに備蓄の拡大が望ましいとのことから、目標が五〇〇〇万キロリットルに変更され、その目標は平成十年（一九九八）三月に達成し現在に至っている。なお、国家石油備蓄基地では民間備蓄と同様の地上タンク方式の他に、立地の特色に合わせ、地中タンク方式は、洋上タンク方式、地下岩盤タンク方式という多様な備蓄方式が採用されている。

2　国家備蓄の沖縄石油基地利用

(1)国家備蓄へのタンク賃貸開始

昭和五十六年（一九八一）度から民間タンク借り上げによる国家備蓄が開始されたことを受け、沖縄石油基地のタンクについても十一月に両株主経由で計四基を石油公団へ賃貸したのを皮切りに、昭和五十七年（一九八二）に計八基を追加し1期建設タンク二十一基中十二基を賃貸することになった。

また、沖縄石油基地の原油タンク2期建設工事分のタンクについても、できるだけ多くかつ早く提供してほしいという強い意向表示が石油公団側からあり、タンクが完成した昭和五十八年（一九八三）以降も順次、国家備蓄への賃貸が実施された。

(2)中継基地から備蓄基地への移行

沖縄石油基地の役割は、当初中継基地業務であった。操業開始からしばらくは、まず大型タンカーで沖縄石油基地へ荷揚げし、中型または小型タンカーで本土製油所へ転送するという中継業務も盛んにおこなわれていたが、国家備蓄のためのタンク賃貸の増加や、本土の港湾が整備され大型タンカーの入港が可能になってきたことから、次第に中継業務が減少し、備蓄基地としての利用が大部分を占めるようになった。

3　北海原油の東アジア地域向け「中継基地」としての利用

沖縄石油基地は、スタットオイル社（ノルウェーの石油会社）の新たなビジネスである中国、台湾、韓国などの東アジア地域への北海原油輸出のため、「中継基地」として一時期利用された。

北欧から原油を輸送する場合、大型タンカーが着桟できる港が東アジア地域には少なく、原油輸送コストを考慮した場合、大型タンカーで中継基地へ搬入してから小分けして搬出する方法を採ったほうがよりメリットがある。また、沖縄は地理的に中国、台湾、韓国などに近く、原油を必要とする製油所のニーズに迅速に対応できるという点に利用価値が高い。これらの理由により沖縄石油基地設備の利用が平成九年（一九九七）十二月から開始されたが、スタットオイル社の都合により、平成十一年（一九九九）八月、沖縄石油基地の中継基地利用は終了となった。

	受　入	払　出	合　計
期　間	平成9年（1997） 12月開始	平成11年（19 99）8月終了	1年9ヶ月
受払先	ノルウェーから6回	中国へ8回 台湾へ4回 韓国へ2回	20回
タンカー	隻数　6隻	14隻	20隻
	サイズ　平均30万DWT	平均11万DWT	—
取扱数量	139万8000kl	136万4000kl	276万2000kl

Ⅲ　原油受払状況

1　タンカー入港隻数と原油受払数量の推移

原油タンク1期建設分が完成した昭和五十五年（一九八〇）三月、沖縄石油基地入港第一船「十和田丸」による中東原油六万八〇〇〇キロリットルを受け入れて以来、平成十五年（二〇〇三）三月までの二十三年間のタンカー入港隻数は八〇二隻、原油受払数量八〇一〇万九〇〇〇キロリットルとなっている。

(1)原油タンク二十一基体制

原油タンク二十一基で操業を開始してから昭和五十八年（一九八三）九月に原油タンク2期建設分が完成するまでの約三年間は、年間平均七十七隻のタンカーが入港し、平均七〇万二〇〇〇キロリットルの原油受払数量があった。この間、昭和五十五年（一九八〇）度には年間最多の一三二隻が入港、一一八二万二〇〇〇キロリットルの受払量があり、また、昭和五十六年（一九八一）度には最大船型「仁光丸（四一万四〇〇〇ＤＷＴ）」が入港した。

⑵原油タンク四十二基体制

２期建設が終了し、原油タンク数は四十二基となった。バラスト水タンクを原油タンクへ転用するまでの、昭和五十九年（一九八四）度から平成二年（一九九〇）度の七年間は、年間平均四十四隻のタンカーが入港し、平均四六二万二〇〇〇キロリットルの原油受払数量があった。

この期間中、株主による中継基地利用が次第に減少し、石油公団による備蓄タンクも増えてきたことから、期間後半には年間二十隻前後の入港隻数にとどまった。

⑶原油タンク四十五基体制

バラスト水タンクを原油タンクへ転用し、原油タンク数が四十五基となった平成三年（一九九一）度から平成十三年（二〇〇一）度までの十一年間は、年間平均十隻のタンカーが入港し、平均一一四万八〇〇〇キロリットルの原油受払数量があった。

平成三年（一九九一）度は、湾岸戦争勃発などの事情により三十六隻のタンカーが入港。平成五年（一九九三）度には、台風被害を受けた国家備蓄基地から原油を一時預かる形で沖縄石油基地タンクが利用されたため二十隻のタンカーが入港した。

また、平成九年（一九九七）度から平成十一年（一九九九）度は、スタットオイル社による東アジア地域への原油中継利用などがあった。しかし、その後のスタットオイル社の撤退や、株主会社の製油所への中継利用の激減、また、石油公団へのタンク賃貸も頭打ちとなってきたため、平成十二年（二〇〇〇）二月を最後にタンカーの入港は途絶えている。

平成十五年（二〇〇三）一月現在、原油タンク四十五基の稼働状況は、石油公団による国家備蓄利用が全体利用率の八二パーセントを占める三十七基、両株主による利用が全体利用率の一八パーセントを占める八基、その内備蓄利用が三基、開放点検用が五基となっている。

2　緊急放出模擬訓練

タンカーの入港については、平成十二年（二〇〇〇）二月以降実績がなく、入港の可能性としては、国家原油の積み増し、緊急放出など考えられるが、不確定要素が多く今後もあまり期待できない状況である。

このようにタンカー入出港がない状況においても、着桟作業、荷役作業およびその他関連する作業の能力およびモラルの維持をはかり、また、無事故・無災害で作業をおこなうためには、訓練を継続的におこなう必要がある。さらに石油公団からの緊急放出要請に即時対応ができるよう態勢を強化する必要もあるため、石油公団原油の「緊急放出訓練」を一部取り入れ、協力会社を含めた全社的な緊急放出模擬訓練を平成十三年（二〇〇一）度から年二回の頻度で実施している。

3　国家備蓄原油を貯蔵

(1)現在の備蓄量と基数

昭和五十六年（一九八一）十一月、両株主で計四基のタンクを石油公団へ賃貸したのを皮切りに、平成十五年（二〇〇三）一月末では、合計で三十七基（在庫量三五六万キロリットル）のタンクを賃貸している。

一方、国の石油備蓄政策に占める沖縄石油基地の国家備蓄状況に目を向けてみると、平成十四年（二〇〇二）七月末現在五〇七九万キロリットル（九十一日分）の国家備蓄量があり、そのうち、三五六万キロリットル（六日分）を沖縄石油基地で備蓄、その比率は国家備蓄量全体の七パーセントを占めている。また、その国家備蓄量のうち一六六四万キロリットルは民間タンク借り上げによりおこなわれており、沖縄石油基地はそのうち二一パーセントを占め、国の石油備蓄政策に多大な貢献をしている。

(2)国家備蓄原油五〇〇〇万キロリットル達成

石油公団が実施する国家備蓄は、三〇〇〇万キロリットル体制の当初目標が昭和六十三年（一九八八）度に達成され、その後、五〇〇〇万キロリットル体制を目標に備蓄事業が推進されてきた。その目標備蓄量五〇〇〇万キロリットルは、平成十年（一九九八）二月十五日、公団用船のタンカーから沖縄石油基地のTA—14へカフジ原油四万キロリットルを荷揚げしたことにより達成された。

(3)CERM対象基地指定

石油備蓄には、価格の高騰、供給途絶などの緊急時における市場のパニックを予防、鎮静化させる役割がある。これらの役割を着実に果たすために、IEA（国際エネルギー機関）は、その加盟国が協調して備蓄を放出する協調的緊急時対応措置（CERM＝Co-ordinated Emergency Response Measures）の重要性を各国に提起した。

このIEAの提起を受け、石油公団は、平成十一年（一九九九）十二月にCERM対応国家備蓄原油緊急放出マニュアルに基づくCERM体制を構築し、CERM対象基地として複数の国家石油備蓄基地に加えて民間の原油貯蔵施設を指定した。

沖縄石油基地も、石油公団が放出指示をおこなった日から二週間以内に基地側の放出体制が整うことおよびVLCCが着桟可能であること、また三万六〇〇〇キロリットル／時以上払い出すポンプ能力を有することなどの指定基準をクリアしていることから、平成十一年（一九九九）十二月、「CERM対象基地」として指定された。

Ⅳ　保全管理

1　タンク開放点検

平成七年（一九九五）に消防法が改正され、これまでの五年に一回の自主点検、十年に一回の保全検査が、旧基準に基づく旧法タンクと新基準に基づく新法タンクに区分けされ、それぞれに開放周期が定められた。

1期建設タンク二十一基は、許可申請の年月日では旧法タンクの扱いとなるが、建設が遅れたため昭和五十一年（一九七六）に出された新技術基準暫定方針に基づき再申請をおこない、基礎地盤、タンク本体ともに危険物保安技術協会の技術援助を受け建設していたので、実質的には新法タンクとして消防より認可された。したがって、タンク開放点検は2期建設タンクと同じく八年に一回となり、四十五基の原油タンクに対し年間五～六基のタンクの保全検査を実施している。タンク開放点検の標準工期は、補修量により多少の差はあるが、一〇万キロリットルタンクで約八ヶ月、五万七〇〇〇キロリットルタンクで約六ヶ月となっている。

2 シーバースの点検補修

シーバースには、ローディングアーム、バルブ、配管、計器など数多く設置している。これら機器の不具合で発生する海上への原油流出を防止するため、陸上設備より一層きめ細かな保全管理が必要であり、運転管理部門による日常のパトロール、設備管理部門による各機器に応じた周期の定期点検を実施している。

時に全長二・七キロメートルもある海底配管については、平成四年（一九九二）に五六インチ原油配管、平成十二年（二〇〇〇）には四四インチ原油配管の検査を実施した。これは、配管内の原油をすべて抜き出した後充分に洗浄し、検査ロボットを使用し詳細な検査を行う大がかりな工事であった。検査結果は、両配管とも若干の腐蝕は認められたものの、全般的には良好な状態を維持しており、復旧に際して腐蝕箇所の補修および内面コーティングを実施し、健全維持をはかった。

（この資料は「沖縄石油基地三十年史」より抜粋して作成しました）

〈資料協力〉

㈱沖縄タイムス社

㈱琉球新報社

沖縄石油基地㈱

太田範雄（おおたのりお）
昭和２年沖縄市生まれ。沖縄の美東国民学校を卒業して働き始め、結婚して２児を設けた後、上京。東京で日大付属豊山高校、日本大学短期大学部建築科に学ぶ。41年沖縄で太田機械建設を設立。46年太田建設㈱に商号変更して代表取締役会長。63年沖縄商工会議所会頭となる。平成14年日本商工会議所より特別功労者として表彰される。現在、沖縄商工会議所名誉会頭、国際福祉会「美さと児童園」理事長、沖縄中部間税会会長等の要職にある。

沖縄巨大プロジェクトの奇跡
——石油備蓄基地（ＣＴＳ）開発 激闘の９年

二〇〇四年七月十日　発行

著　者　太田範雄
装　丁　ＭＥＳＳＡ
発行者　宮島正洋
発行所　株式会社アートデイズ
〒160―0008　東京都新宿区三栄町17 四谷和田ビル
電　話（〇三）三三五三―二二九八
ＦＡＸ（〇三）三三五三―五八八七
http://www.artdays.co.jp
印刷所　中央精版印刷株式会社

乱丁・落丁本はお取替えいたします。